U0155818

SCOTCH
WHISKY
GUIDE

苏格兰
威士忌图鉴

沈玉林　刘　伟　王永鑫　
林静茹　王　川　方　涵　著

湖南人民出版社·长沙

苏格兰威士忌图鉴 / 沈玉林等著 . -- 长沙 : 湖南人民出版社 , 2023.8

ISBN 978-7-5561-3146-4

Ⅰ . ①苏… Ⅱ . ①沈… Ⅲ . ①威士忌酒－图解 Ⅳ.

① TS262.3-64

中国国家版本馆 CIP 数据核字（2023）第 019888 号

苏格兰威士忌图鉴

SUGELAN WEISHIJI TUJIAN

著　　者：沈玉林　刘　伟　王永鑫
　　　　　林静茹　王　川　方　涵
出版统筹：陈　实
监　　制：傅钦伟
责任编辑：田　野
责任校对：唐水兰
装帧设计：末末美书

出版发行：湖南人民出版社[http://www.hnppp.com]
地　　址：长沙市营盘东路3号
邮　　编：410005
电　　话：0731-82683313

印　　刷：深圳市彩之美实业有限公司
版　　次：2023年8月第1版
开　　本：710 mm×1000 mm　1/16
字　　数：288千字
书　　号：ISBN 978-7-5561-3146-4
定　　价：198.00元

印　　次：2023年8月第1次印刷
印　　张：14.25

营销电话：0731-82683348（如发现印装质量问题请与出版社调换）

大师推荐
Master Recommendation /

享誉全球的威士忌作家，苏格兰双耳浅杯大师执杯者，帝亚吉欧威士忌学苑（Diageo Whisky Academy，后文简称 DWA）董事会成员查尔斯·麦克莱恩（Charles MacLean）：

"本书对于那些希望迅速了解苏格兰威士忌世界的人来说，是一个很好的选择。不得不说，我从未读过对中国美食与苏格兰威士忌万千风味深度探索之余，还能兼具如此趣味性的书籍。"

《世界威士忌地图》作者，全球知名威士忌作家，DWA 董事会成员戴夫·布鲁姆（Dave Broom）：

"我曾经到访过武夷山，与中国的品牌大使们一起探讨中国茶与苏格兰威士忌的共通之奥妙。不得不说，帝亚吉欧中国品牌大使们专业的知识素养令我印象深刻。今天出版针对中国市场的威士忌全书，再一次令我感到惊艳。如果你是一位中国的威士忌爱好者或者中国茶与美食的爱好者，那么这本书一定会让你耳目一新，回味无穷。"

DWA 首席顾问暨董事会成员，"华语威士忌百科全书"卢馨声：

"在大中华区，DWA 一二三级体验经过多年口碑相传，已成为品鉴爱好者的学习佳选。威士忌品鉴文化的分享，不仅与我们这个古老的烈酒大国产生了融合，也为中国新世代的社交文化带来新的活力。我衷心祝福各位能经由 DWA 更上台阶，得到更多属于自己的社交和品鉴乐趣。"

《烈酒志》创始人及主编，资深威士忌烈酒记者及撰稿人，《世界威士忌地图》初版译者汪海滨：

"《苏格兰威士忌图鉴》做到了所有好书那般让读者拥有了一种代入感，想要去书中的酒厂看看，想要亲尝书中所有佳酿。除此之外，此书还探讨了中国东方味蕾和苏格兰威士忌风味的美妙交集，并将中国茶文化和苏格兰威士忌文化进行了深入的研究和探讨。这本由新一代帝亚吉欧威士忌品牌大使们编撰的《苏格兰威士忌图鉴》可谓真正做到了东西合璧、融会贯通，是一本绝不容错过的'威士忌教科书'。"

中国烈酒界意见领袖，"星座"（Constellation）创始人金众磊（Kin-san）：

"国内威士忌书籍大都是译本，而这部威士忌书结合了中国饮食文化和各种威士忌搭配，还给予了威士忌爱好者适当的收藏和投资的建议，可以说是行业从业人员和威士忌爱好者阅读必备的一本书！"

推荐序
Prologue ╱

　　作为苏格兰威士忌全球主要新兴市场之一，中国已经成为整个行业关注的焦点。全球知名的烈酒集团帝亚吉欧在中国市场的投入尤其引人注目，其创立的帝亚吉欧威士忌学苑，为苏格兰威士忌文化在中国的传播与普及做出了突出贡献。本书介绍的内容，不仅有助于威士忌学苑实现其目标，同时也涵盖了苏格兰威士忌这一品类开拓市场所需的核心先决条件。这些核心先决条件，不仅仅只适用于苏格兰威士忌，也值得被其他希望取得市场成长的品类参考。

　　第一个先决条件，随着中国中产阶级人群的持续增加、消费能力的增强，能够消费得起威士忌，尤其是单一麦芽威士忌的人越来越多。

　　第二个先决条件是可得性。目前在中国，只有部分专业人士对威士忌有深入了解。这在本质上是一个优势。当意见领袖们进行引领时，其他人就会跟随。随着兴趣的增长，需求就会增长。各大洋酒公司中，基于庞大的威士忌存储量、优秀的市场营销能力、庞大的经销网络等综合考量，帝亚吉欧非常有实力满足这一市场需求。

　　成功开拓市场的第三个先决条件是产品应该被广泛谈论，是人们渴望的、市场流行的。麦芽威士忌在中国的优势是人们将其视作一种新鲜的事物——珍贵、异域、有趣、时髦。中国是全球社交媒体网络最发达的国家之一，这样的网络基础能够助力传播麦芽威士忌的信息；通常麦芽威士忌饮家喜欢分享他们的发现，相互探讨品鉴笔记。

　　我的大部分工作是通过演讲、讲座和品鉴会，与消费者和贸易专业人士分享我对威士忌的知识和热情。"教育"是打开中国市场的第四把钥匙。我从其他市场得来的经验是：人们知道的越多，他们想了解的就越多，他们分享的也就越多。

　　开拓市场的最后一个先决条件，也是长期维持这个市场的最重要因素之一，即"风味"：消费者必须喜欢他们所品鉴到的味道。在这方面，麦芽威士忌的优势在于其风味的多样性。各个酒厂的产品从最初就风格各异，随着陈年的过程还能进一步演化出更多个性，可供选择的口味应有尽有、风味万千。

　　之前我在中国做大师讲堂时，经常将苏格兰威士忌，尤其是苏格兰麦芽威士忌的品鉴与品茶的文化传统相比较：我深深地觉得，麦芽威士忌与茶，都是仪式感极强的，而不应该只是单纯饮用的"生命之水"。因此，我很高兴看到《苏格兰威士忌图鉴》中有一部分专门介绍这两种不同品类的融贯中西文化的搭配。同时，我也惊喜地发现，该书还收录了威士忌与中国菜搭配，我一直认为如果搭配得宜，中国菜甚至比西餐更适合配威士忌。

　　祝贺参与编撰这本威士忌专业书的品牌大使们，你们将威士忌这一值得欣赏和享受的产品阐述得有趣而生动。也感谢帝亚吉欧非常明智地以书的形式，让更多人了解苏格兰威士忌，爱上苏格兰威士忌。

大英帝国勋章员佐勋章
苏格兰双耳浅杯执杯者
查尔斯·麦克莱恩

　　查尔斯·麦克莱恩是苏格兰威士忌领域的权威大师，迄今已出版 18 本威士忌相关著作，其中包括《威士忌百科全书：苏格兰》（2020 年，中信出版社）。他是 DWA 董事会成员，并因"为威士忌在中国的推广做出杰出贡献，促进了中英威士忌商贸关系发展"而荣获"2020 胡润英中杰出贡献奖"。2021 年，他因"对苏格兰威士忌的贡献、对威士忌的出口和慈善事业的贡献"被英女王伊丽莎白二世授予大英帝国勋章员佐勋章（MBE）荣誉。

序
Prologue ╱

作为苏格兰的文化瑰宝，苏格兰威士忌已经从苏格兰走向了世界，在全球有众多拥趸。人们被其风味吸引，为其工艺折服，受其文化影响。当威士忌在中国已经成为一种新兴生活方式，威士忌爱好者们期待更深入、更细致地了解关于威士忌的方方面面。帝亚吉欧作为苏格兰威士忌的行业先锋，有必要也有义务为威士忌爱好者们进行更专业的指导与引领，这也是我们重新编撰这本《苏格兰威士忌图鉴》的初衷。

市面上可以看到不同作者撰写、不同内容侧重的威士忌专业书籍，当我们决定重新编撰这本《苏格兰威士忌图鉴》时，我们一直在思考中国威士忌爱好者最实际的需求，需要包含哪些核心内容。我们希望读者朋友们既可以从中习得威士忌的专业知识，也期待他们从中感受到苏格兰威士忌的文化面向。翻开这本书，即是开启一段有关苏格兰威士忌的美妙旅程，通过我们在书中精心设置的章节内容，探索更广袤的苏格兰威士忌世界。

苏格兰威士忌指南，是一种专业与态度

编撰一本专业书，需要大量的信息梳理与数据支撑。帝亚吉欧集团旗下拥有 220 个畅销全球的品牌，200 个生产基地遍布全球 30 多个国家，旗下 47 间酒厂出品不同风味与个性的威士忌产品，根据 2020 年国际葡萄酒与烈酒数据分析公司（IWSR）发布的数据，威士忌品类零售额位列全球第一[1]。苏格兰威士忌是帝亚吉欧集团的核心，无论是威士忌的历史传承、酒厂产区的风貌特性、威士忌酿造工艺流程，还是帝亚吉欧集团累积的丰富资料与经验，都为这本书的专业性提供了强有力的保障。

针对中国的威士忌爱好者，帝亚吉欧在 2017 年成立了帝亚吉欧威士忌学苑，集结全球知名威士忌大师和专业的帝亚吉欧品牌大使团队倾力打造。通过深入浅出的教学内容、循序渐进的品鉴体验、线下线上的互动形式带领中国威士忌爱好者更系统地了解威士忌的专业知识以及品鉴技巧。成立近 4 年来，DWA 已经在全国 40 座城市举办了超过 800 场活动。通过威士忌学苑与消费者的面对面沟通，了解到他们的真实需求，为我们在内容的设置上提供了很多灵感与方向。

苏格兰威士忌指南，是一种文化与责任

进入中国市场后，帝亚吉欧致力于将苏格兰威士忌文化与中国文化相连接，以创新的驱动力打造与中国文化相互融合的产品和服务。旗下品牌尊尼获加蓝牌推出致敬中国文化特别版产品，苏格登年度推出中秋特别版、中国新年特别版产品。此外，帝亚吉欧积极探索中国餐饮文化与苏格兰威士忌文化的融合。在这本《苏格兰威士忌图鉴》中，我们设立单独章节，深入介绍中国茶与苏格兰威士忌的搭配，中国美食与苏格兰威士忌的搭配。

帝亚吉欧在深耕中国市场，推广苏格兰威士忌文化的同时，也注重社会责任。2030年前进的精神，作为帝亚吉欧的十年（2020—2030年）行动纲要，旨在帮助创造一个更具包容性和可持续性的世界：促进理性饮酒，倡导包容多元的文化，开拓"从谷物到酒杯"的可持续发展。我们希望通过这本专业书，让读者在潜移默化中意识到社会责任在威士忌产业中的重要性。

这本全新编撰的《苏格兰威士忌图鉴》，不仅仅是一本专业书，还承载了苏格兰威士忌与中国威士忌爱好者的情感联结。我们期待读者在书中，能够感受到内容的深度与文化的温度。正如帝亚吉欧集团以"精彩生活，欢乐无限"为目标，我们也希望读者在这本书的帮助下，与威士忌相处得更轻松自在，真正做到"精彩生活，欢乐无限"。

作者注

1. 数据来源 https://data.theiwsr.com/register.aspx（数据源于2021年10月27日抓取）

编辑团队
Editors ╱

　　帝亚吉欧自进入中国后，一直致力于传播苏格兰威士忌文化，而帝亚吉欧专业的品牌大使团队，则肩负了这一神圣使命。目前，帝亚吉欧中国拥有 19 位品牌大使，在威士忌和烈酒领域拥有多年从业经验，其中更有 4 位（截至 2023 年 6 月）获得苏格兰威士忌行业至高荣誉——苏格兰双耳浅杯执杯者协会终身会员。品牌大使们同时也是帝亚吉欧威士忌学苑的认证讲师，是真正获得行业认可的专业威士忌意见领袖。参与修订该书的 6 位高级品牌大使将专业能力与实践经验融入书中，深入浅出地将威士忌的知识与文化娓娓道来。他们分别是：

沈玉林（Rin Shen）

　　帝亚吉欧中国高级品牌大使沈玉林，拥有超过 10 年威士忌行业的从业经验，并在 2019 威士忌行业大赏中国区荣膺"年度苏格兰威士忌品牌大使"称号，也是该项荣誉在中国的首位获得者。曾于 2011 年出任帝亚吉欧旗下威士忌综合体验中心——全球首座尊尼获加尊邸总经理，更是尊邸高级培训课程创始者和设计者。

　　作为威士忌行业最高荣誉——苏格兰威士忌双耳浅杯执杯者协会终身会员，以及 WSET 一级、二级烈酒证书持有者，沈玉林先生乐于运用其丰富的威士忌知识储备和深厚的文化涵养，向众多中国威士忌爱好者及意见领袖传播、分享、交流威士忌文化和知识。

刘伟（Wei Liu）

于 2003 年成为尊尼获加品牌大使，拥有超过 18 年威士忌行业从业经验。作为中国大陆首批洋酒品牌大使，他以深厚的威士忌文化造诣和人文情怀，为整个行业树立了标杆。刘伟曾师从全球威士忌调配领域翘楚——尊尼获加首席调配大师吉姆·贝弗里奇（Jim Beveridge）博士，并获得了威士忌行业最高荣誉——苏格兰威士忌双耳浅杯执杯者协会终身会员。

作为一位"美食美酒资深达人"，他精通威士忌餐酒搭配的专业理论并拥有特别的个人见解。他目前在中国已主持推广了超过 1500 场威士忌品牌推广活动及晚宴，也作为帝亚吉欧威士忌学苑讲师，陪伴多位各行业领袖一起品酒、传播威士忌文化。刘伟在提升中国消费者对威士忌历史文化及尊尼获加品牌精神的了解和认可度方面成效累累，被誉为"中国最具情怀的洋酒品牌大使"。

王永鑫（Benson Wang）

王永鑫拥有近 10 年威士忌行业从业经验，曾拥有 6 年烈酒专业资深编辑经历。自入行以来他专注于钻研威士忌领域，在行业内被称为"威士忌极客"。作为帝亚吉欧品牌大使，他拥有 WSET 葡萄酒及烈酒证书，同时也获得了威士忌行业最高荣誉——苏格兰威士忌双耳浅杯执杯者协会终身会员。

王永鑫目前在中国已主持过数百场威士忌品鉴会及晚宴，同时一直致力于帝亚吉欧旗下威士忌类品牌和产品的推广与教育工作。他的课风趣易懂且兼具实用性，受到学员的推崇，是帝亚吉欧威士忌学苑首席"人气讲师"，对于在中国范围内传播推广威士忌文化有着不可忽视的作用。

林静茹（Joy Lam）

　　林静茹于 2007 年加入帝亚吉欧，为尊尼获加品牌大使，是帝亚吉欧中国首位同时也是任职最长的女性品牌大使。从 2016 年开始，她便活跃于帝亚吉欧旗下单一麦芽威士忌品牌培训及品鉴晚宴等各类威士忌文化推广活动。作为 WSET 葡萄酒及烈酒证书持有者，同时也获得了威士忌行业最高荣誉——苏格兰威士忌双耳浅杯执杯者协会终身会员，林静茹大气同时不失亲和力的授课风格受到广大威士忌消费者、爱好者及意见领袖的推崇，是目前中国范围内威士忌文化传播推广者的杰出女性代表之一。

王川（Dio Wang）

　　王川于 2002 年开始接触烈酒，2015 年结缘苏格兰威士忌，并于 2015 年加入帝亚吉欧担任品牌大使一职。王川曾从事汽车行业，拥有近 20 年的专业领域积累。他曾专职销售内训师，同时擅长客户关系管理与培训技能，熟练掌握售前售后沟通技巧，并将这些技能融会贯通，投入到威士忌文化推广行业。作为一名旅行爱好者，王川曾周游欧洲，前往澳大利亚葡萄酒庄学习葡萄酒酿造工艺。在授课及带领品鉴过程中，他擅于融入个人经历让课程内容更为丰富、饱满，从而帮助学员更好地理解威士忌与生活的联系。

方涵（Han Fang）

　　方涵于 2010 年开始接触并投身威士忌行业，他凭借深厚的艺术背景和极高的威士忌文化领悟力迅速成为威士忌领域资深专家，在取得 WSET 烈酒认证的同时不断精进自己在其他烈酒行业的学习。2014 年，方涵正式加入帝亚吉欧（中国）并担任品牌大使一职，在帝亚吉欧威士忌学苑担任认证讲师，为中国威士忌爱好者带来丰富生动的体验。

目录
Contents ／

I
Scotch Whisky
苏格兰威士忌

II
Scotland & Distilleries
苏格兰与酒厂

003   苏格兰威士忌的历史
   ｜ 桶陈和泥煤
   ｜ 谷物威士忌
   ｜ 连续式蒸馏器
   ｜ 调配型苏格兰威士忌
   ｜ 根瘤蚜

014   苏格兰威士忌的定义
   ｜ 法律定义
   ｜ 苏格兰威士忌类型

018   苏格兰威士忌的基本原料
   ｜ 水
   ｜ 大麦
   ｜ 酵母

026   麦芽苏格兰威士忌
      制作流程
   ｜ 制麦
   ｜ 糖化
   ｜ 酵酿
   ｜ 蒸馏
   ｜ 桶陈
   ｜ 选择木桶与装瓶

052   苏格兰威士忌风味
   ｜ 威士忌香气
   ｜ 主要口味
   ｜ 口感
   ｜ 嗅觉效果
   ｜ 产生眩晕感

058   品牌大使说

062   苏格兰低地
   ｜ 格兰昆奇酒厂（GLENKINCHIE）

066   斯佩塞地区
   ｜ 卡杜酒厂（CARDHU）
   ｜ 慕赫酒厂（MORTLACH）
   ｜ 克拉格摩尔酒厂（CRAGGANMORE）
   ｜ 格兰爱琴酒厂（GLEN ELGIN）
   ｜ 龙康得酒厂（KNOCKANDO）

084   苏格兰高地
   ｜ 格兰奥德酒厂（GLEN ORD）
   ｜ 皇家蓝勋酒厂（ROYAL LOCHNAGAR）
   ｜ 达尔维尼酒厂（DALWHINNIE）
   ｜ 布勒尔阿索酒厂（BLAIR ATHOL）
   ｜ 克里尼利基酒厂（CLYNELISH）
   ｜ 欧本酒厂（OBAN）
   ｜ 布朗拉酒厂（BRORA）

104   岛屿区
   ｜ 卡尔里拉酒厂（CAOL ILA）
   ｜ 乐加维林酒厂（LAGAVULIN）
   ｜ 泰斯卡酒厂（TALISKER）
   ｜ 波特艾伦酒厂（PORT ELLEN）

122   帝亚吉欧花鸟系列

126   品牌大使说

128   单一麦芽威士忌风味图

134   运营酒厂

140   关闭的酒厂

142   威士忌收藏
   ｜ 威士忌资产的价值变化趋势
   ｜ 威士忌的流动资产优势
   ｜ 威士忌资产的收藏形式
   ｜ 威士忌藏品的经典范例
   ｜ 资产型藏品在中国的发展

150   品牌大使说

II
Blended Scotch Whisky
调配型苏格兰威士忌

IV
Scotch Whisky Chinese Tea Pairing
苏格兰威士忌与茶

V
Scotch Whisky Chinese Food Pairing
苏格兰威士忌餐酒搭配

154   尊尼获加
      ∣ 品牌历史
      ∣ 产品系列

160   苏格兰谷物威士忌酒厂
      ∣ 坎麦隆桥酒厂
        （CAMERON BRIDGE）
      ∣ 北英酒厂 （NORTH BRITISH）
      ∣ 邓巴顿酒厂（DUMBARTON）
      ∣ 格文酒厂（GIRVAN）
      ∣ 因弗戈登酒厂（INVERGORDON）
      ∣ 罗曼湖酒厂（LOCH LOMOND）
      ∣ 波敦达斯酒厂（PORT DUNDAS）
      ∣ 斯特拉斯克莱德酒厂（STRATHCLYDE）

167   苏格兰威士忌与茶的
      共同之处

168   苏格兰威士忌与茶的搭配

172   苏格兰威士忌与茶
      在中国的融合

173   品牌大使说

176   门当户对 万千风味

177   风味博弈 成就美味
      ∣ 中餐与苏格兰威士忌的搭
        配原则

179   万能公式 随心搭配
      ∣ 中餐风味坐标
      ∣ 中餐与苏格兰威士忌搭配
        风味坐标
      ∣ 浓淡相宜 适口者珍
      ∣ 中餐与苏格兰威士忌搭配
        实例

211   品牌大使说

212   帝亚吉欧 2030 社会愿景

I.

苏格兰
威士忌
Scotch
Whisky

苏格兰威士忌的历史

苏格兰威士忌的定义

苏格兰威士忌的基本原料

麦芽苏格兰威士忌制作流程

苏格兰威士忌风味

苏格兰威士忌的
历史

桶陈和泥煤

谷物威士忌

连续式蒸馏器

调配型苏格兰威士忌

根瘤蚜

威士忌，不仅仅只是一种烈酒，更是一种文化。饮者在感受威士忌风味的同时，了解其历史起源与发展历程，能够为品饮体验带来更多乐趣。

蒸馏酒最早可追溯至约公元前 3000 年的美索不达米亚地区。酒精（alcohol）一词起源于阿拉伯语"al-koh'l"。

"al"是阿拉伯语前缀，如可组成"alembic"（指一种古老的蒸馏器，后演化成壶型蒸馏器）。"koh'l"指当时用于化眼妆的黑色锑粉。然而，因为技术的原因，这一古老蒸馏器酿制的酒却不能饮用，只能作为美容化妆产品（如香水）的原料。

∧ 古老的蒸馏器

宗教和战争将蒸馏技术传入欧洲，新酒也因此来到了欧洲。烈性酒[1]通常采用当地最主要的农作物酿制而成，较温暖的地区用水果酿制白兰地，较寒冷的地区则用谷物酿制伏特加或威士忌。

我们最关心的威士忌的起源，至今还无明确定论。有学者认为威士忌最早发源于爱尔兰而非苏格兰，是因为公元 5 世纪传教士圣帕特里克[2]首次将基督教引入爱尔兰，同时也带来了阿拉伯的蒸馏技术。而苏格兰关于威士忌最早的官方记录则是在 1494 年詹姆士四世时期的一则法令中。有记录称，一位叫约翰·柯尔（John Cor）的修道士以麦芽为原料制作烈性酒（该记录显示，152 千克大麦可酿制 1500 瓶烈酒）。

那么，威士忌的词源是什么呢？它来源于苏格兰古语盖尔语"usquebaugh"，意为"生命之水"[3]。这个词的常规含义会随着时间和地点的不同而发生变化，可能具有多种意义，比如伏特加、白兰地等很多蒸馏酒都共有这层含义。

在苏格兰英语中"威士忌"一词的拼写是"whisky"，在爱尔兰英语中则多了字母 e，即"whiskey"，有研究表明他们希望以此来区别各自的威士忌。

∧ 圣帕特里克

　　蒸馏技术传入欧洲后，最初掌握在修道士手中。15 世纪时，由于修道院屡屡遭到破坏，一些受教育程度高的修道士为了谋生而转向药剂师或医生行业，将他们掌握的蒸馏技术应用到药物生产中，从而产生了具有医疗效用的烈性酒。这也是威士忌后来被称为"生命之水"的历史背景之一。

　　随着蒸馏技术逐渐被大众熟悉，非教职人员也掌握了这一技术。到 16 世纪，很多农场和家庭都有了自己的蒸馏器，威士忌酿制方法很快普及。但在这一时期，他们生产的烈酒在大部分情况下都不做商业用途，也未经法律许可。

　　早期，剩余的谷物被用来制成威士忌，一般用于换取食物或支付房租。苏格兰人在节日期间也会饮用威士忌。当天气变得寒冷潮湿，威士忌能为面临生活困境的苏格兰人带来慰藉。

　　威士忌一直受到苏格兰人的追捧，至关重要的原因是，威士忌象征着苏格兰人对英格兰入侵者在高地地区的生活和文化压迫的反抗，是一种创造力的阐释。因此，苏格兰威士忌有着不可忽视的、精神层面的影响力。

作者注

1. 烈性酒（aqua vitae），中世纪阿拉伯炼金术士在炼制黄金时的发明。
2. 圣帕特里克（385—461），天主教圣徒，生于苏格兰，于 417 年被授予圣职，被称为"爱尔兰守护神"。后来他在爱尔兰建立了一所修道院，并将基督教传遍整个爱尔兰岛。
3. 12 世纪前威士忌只用于医疗，由于会在喉咙产生灼烧感，因而也被称为"生命之水"。

Where then
did the name "whisky" come from?
It stems from the traditional Scottish language
Gaelic. Usquebaugh means
"WATER OF LIFE"

那么，威士忌的词源是什么呢？
它源自苏格兰古语盖尔语 "usque baugh"
意为 "生命之水"

桶陈和泥煤

威士忌的发展，也受到政治因素的影响。一些政治事件，在一定程度上甚至改变了威士忌的历史进程。

1707 年，英格兰和苏格兰议会合并，将威尔士和北爱尔兰也囊括在内。议会合并后，中央政府为解决财务危机而向大量私人酒厂征收重税。愤怒的酿酒商与税务人员的矛盾日益尖锐。甚至一些酿酒商发起抵制政府的大型团体，并与税务人员交火。

最终，1746 年卡洛登战役给英格兰和苏格兰之间频繁的冲突画上了句点。英格兰军队得胜后，开始压制苏格兰高地的各种文化。该地区的土地被全部划分给忠于英格兰国王的地主，佃户不被允许留在那里。

最初，酒税系统用来资助战争、遏制饮酒，逐渐演变成抑制苏格兰高地文化的手段。迫于各种管控规定（酿酒许可、税收、限制蒸馏器尺寸等），农场主开始秘密酿酒，导致走私激增。很多酿酒商为了躲避税收机关的监控，不得不离开城市前往偏远的山谷。很多麦芽威士忌品牌名称里都有"glen"一词（意为山谷、沟壑），正是来源于此。受到销售渠道有限的制约，他们开始将剩余的威士忌放入橡木桶中，且放置数年。这一原本无心的做法，却让威士忌在这种木桶储存方式下产生了意想不到的效果：原本无色的威士忌变成了金色，生涩的酒味变得柔和，酒的风味也因原本用于储存葡萄酒的橡木桶散发的果香浸润变得更为丰富。

∧ 泥煤

为了烘干麦芽，在燃料的选取上，他们用泥煤替代煤炭，因为山区和乡郊很难找到煤炭。泥煤让酒液增加了烟熏风味。

泥煤是各种沼泽植物（如泥炭藓、石楠和莎草）的复合物，呈酸性。泥煤因地区不同，各有差异，只有在降水多、气候寒冷，而且排水和通风不充足的环境中才能形成。当枯萎的植物未经分解而堆积在洪水冲击的土地上时，通常就会形成泥煤。一些古老的泥煤层厚达 9 米，有大约长达 1 万年的历史。

每个地区的泥煤层各有所长，很多酒厂对此已了如指掌，并因地制宜生产了各有千秋、独具特色的各种麦芽威士忌。苏格兰低地的泥煤有机物含量更高，质地更柔软，更易于燃烧，能产生更多的烟灰。沿海沼泽地区的泥煤含盐量较高，有时会夹杂海草。比如在苏格兰北边的奥克尼群岛有一种由根系很深的苔藓形成的、颜色很深的泥煤。

现在，酒厂可有效控制泥煤的使用，而且能测量每PPM（浓度单位）烟雾中苯酚的浓度。麦芽威士忌的酒体是轻盈还是饱满，取决于麦芽烘干过程中泥煤的使用量以及泥煤的产地。

今天，为了提高生产力，大部分酒厂并不自己烘干麦芽，而是从制麦厂购买烘干的麦芽。制麦厂会根据酒厂的要求设置泥煤的标准。他们将用泥煤烤干和未用泥煤烤干的麦芽混合起来，以调整烟熏味的浓度，或者将麦芽暴露在泥煤烟雾中，直至所需的苯酚浓度。

一般而言，不同的苯酚浓度决定了麦芽威士忌中所含的泥煤风味的程度。

苯酚浓度与泥煤程度的对应关系	
1 ~ 10 PPM	轻泥煤
10 ~ 30 PPM	中度泥煤
> 30 PPM	重度泥煤

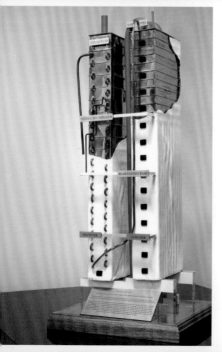

$$\frac{1}{2}$$

1. 威士忌桶陈仓库
2. 连续式蒸馏器设计模型

谷物威士忌

谷物威士忌的诞生，是威士忌酿造史上一个重要的转折点。早期，销售桶装调配型威士忌的大型生产商（如亚瑟·贝尔、约翰·获加、威廉·蒂彻），只调配各种麦芽威士忌。

1828 年，来自坎麦隆桥（Cameron Bridge）酿酒厂的约翰·黑格（John Haig）在苏格兰威士忌有官方记录的 334 年之后，发明了谷物威士忌，自此奠定了世界最流行的烈酒之一——调配型苏格兰威士忌的基础。

1846 年，只能用玉米酿制谷物威士忌的限制被取消，首批用连续式蒸馏器酿制而成的现代谷物威士忌诞生。谷物威士忌的出现促使威士忌生产商们转向生产更轻盈的调配型威士忌。

连续式蒸馏器

随着苏格兰威士忌市场的扩大，酒厂对于产量的追求逐渐加大。19 世纪 20 年代之前，谷物威士忌占调配型苏格兰威士忌的 60% ~ 70%。

苏格兰的威士忌只用独立的壶型蒸馏器进行酿制。由于这种方式效率低、成本高，酿出的酒度数低、蒸馏味浓，酒厂转向寻找更有效的设备。罗伯特·斯坦（Robert Stein）于 1826 年发明了连续式蒸馏器，并于 1827 年为这一技术申请了专利。

连续不断的工作，既不需要清洁，也不需要在每批原料的处理结束之后重新加入原料，都使得它与传统的壶型蒸馏器有很大的区别。但是，由于难以控制、极不稳定，斯坦的蒸馏器并未得到普及。

1830 年,爱尔兰的一位前税务官员埃涅阿斯·科菲(Aeneas Coffey）将连续式蒸馏器改进之后使其更加完善，并将其推荐给爱尔兰的酒厂。但这一全新机器不被保守的爱尔兰酿酒商接受使用，反而被苏格兰人欣然接受。由于爱尔兰拒绝使用连续式蒸馏器，加之全国饥荒和美国禁酒令，原本无论是威士忌酒厂的数量还是酿酒技术都领先的爱尔兰，较之苏格兰，在威士忌行业的地位逐渐落于下风。

调配型苏格兰威士忌

　　采用三次蒸馏酿成。无泥煤烘烤的爱尔兰威士忌风味轻盈，口感清爽，备受欢迎。1875 年之前，每三瓶售出的威士忌中有两瓶来自爱尔兰。相较之下，烟熏味和油味很重的苏格兰威士忌却不怎么受人欢迎。纵然有一些特别之处，麦芽威士忌的风味和品质却总是参差不齐。1853 年，拥有 40 年烈酒经营经验的安德鲁·亚瑟（Andrew Usher）在这一背景之下将谷物威士忌和麦芽威士忌相调制，发明了调配型苏格兰威士忌。因品质优良、价格合理、酒体平衡，这种威士忌逐渐受到消费者的认可。

谷物威士忌和连续式蒸馏器，为调配型苏格兰威士忌的诞生创造了先决条件。而那些将调配型威士忌推向全英国乃至全世界的行业开拓者——约翰·获加、芝华士兄弟、亚瑟·贝尔、汤姆·杜瓦和乔治·百龄坛等，也为威士忌的发展付出了不懈努力，他们的名字深深地印刻在调配型威士忌的历史长河中。调配型苏格兰威士忌逐渐流行起来，20 世纪早期其销量超过了爱尔兰威士忌和白兰地，占苏格兰威士忌销量的 95%。

可以说，如果没有谷物威士忌，也就没有调配型苏格兰威士忌。另外，纯单一麦芽威士忌的生产商开始利用麦芽提取物来生产调配型苏格兰威士忌，这才度过了两次世界大战和经济大萧条的困难时期。与之对比的是，饱受欢迎的调配型苏格兰威士忌使得爱尔兰蒸馏酿酒商备受打击，酒厂数量从几百家骤减为几家。

根瘤蚜 [1]

∧ 根瘤蚜

在 19 世纪中期之前，在名噪一时的干邑和白兰地的光芒掩盖下，苏格兰威士忌并未受到太多关注。暴发于 19 世纪 60 年代的根瘤蚜病，导致了苏格兰威士忌的流行。根瘤蚜是一种以葡萄树根为生的类似蚜虫的昆虫。当时它在全球蔓延，几乎摧毁了所有的葡萄园，葡萄酒生产受到严重阻碍，法国也未能幸免。终而，两大著名优质蒸馏酒干邑和白兰地的供应受葡萄的质量的影响而减少。酒水商店因供应量的不足，转而寻找替代酒饮，苏格兰威士忌被他们最终锁定。从某种程度上说，根瘤蚜病让这一苏格兰的地方酒饮超越干邑和白兰地，成为世界知名烈酒。就连在干邑的家乡法国，威士忌的销量也达到了干邑销量的 12 倍。

20 世纪 70—80 年代是伏特加和杜松子酒的天下，而在 80—90 年代期间随着单一麦芽威士忌（由格兰菲迪在 60 年代首次引入）的不断壮大发展，苏格兰威士忌再次受到世界瞩目。饮酒爱好者对口感轻盈的苏格兰低地威士忌如痴如狂，为了满足骤增的需求，生产商不得不从艾莱岛的乐加维林、斯凯岛的泰斯卡分配供应量。

作者注

1. 源自拉丁语 "phylloxera vastatrix"，意为 "破坏者"。根瘤蚜吸食葡萄树根的汁液，使受感染的葡萄树逐渐丧失活力。

苏格兰
威士忌的定义

法律定义

对于苏格兰威士忌，通常可以理解为用谷物、水和酵母生产的蒸馏酒。另外，也指调配型苏格兰威士忌——调制两种以上不同的麦芽威士忌和谷物威士忌。

实际上，苏格兰威士忌有着严格的法律定义。其定义于1909 年在英国首次确立，1989 年在欧盟获得认可。根据 1969 年英国财政部颁布的相关法律，于 1988 年制定了目前的法律定义，并于 1990 年正式产生法律效力。

法律定义

根据最新的《2009 年苏格兰威士忌法规》，苏格兰威士忌是一种威士忌：

1/ 必须是在苏格兰境内生产的威士忌，酒液需要在酒厂里蒸馏，只能以水与发芽的大麦作为原料（仅允许添加其他整粒谷物），而且这些原料必须：

1-1 在酒厂加工成粗麦汁；

1-2 只能利用内在的天然酶系统来转化为可发酵的物质；

1-3 在该酒厂仅可添加酵母进行酵酿。

2/ 蒸馏酒液的酒精浓度不得高于 94.8%，蒸馏酒液的香气和风味皆来源于其原料、制造工艺和生产流程；

3/ 在不超过 700 升的橡木桶中桶陈，且只可以在苏格兰境内桶陈；桶陈时间不得少于 3 年，桶陈只能在法定允许的仓库进行；

4/ 保留的色泽、香气与风味都源自制作原料、工艺、生产流程以及桶陈；

5/ 除了水与酒用焦糖色（E150a）之外禁止添加其他物质。

苏格兰威士忌类型[1]

1/ **单一麦芽苏格兰威士忌**（Single Malt Scotch Whisky）

单一麦芽苏格兰威士忌是在同一个酒厂里，原料仅有发芽的大麦和水，不添加其他任何谷物，用壶型蒸馏器蒸馏而成。尽管没有明确规定制作壶型蒸馏器的材料，但通常以铜为原料。

2/ **单一谷物苏格兰威士忌**（Single Grain Scotch Whisky）

单一谷物苏格兰威士忌必须在同一个酒厂中蒸馏而成，原料不仅包括水和发芽的大麦，还有其他谷物和不发芽的大麦。区别于单一麦芽苏格兰威士忌，虽然没有明确规定蒸馏器的使用类型，但通常都使用连续式蒸馏器。

3/ **调配型苏格兰威士忌**（Blended Scotch Whisky）

调配型苏格兰威士忌是最常见的苏格兰威士忌类型，由一种或多种单一麦芽苏格兰威士忌与一种或多种单一谷物苏格兰威士忌相调和而成。

4/ **调配型麦芽苏格兰威士忌**（Blended Malt Scotch Whisky）

调配型麦芽苏格兰威士忌由两种或两种以上单一麦芽苏格兰威士忌调和而成。区别于调配型苏格兰威士忌，它只使用单一麦芽威士忌进行调制。以前这种威士忌被称为桶式／纯麦芽威士忌（Vatted/Pure Malt Whisky）。

5/ **调配型谷物苏格兰威士忌**（Blended Grain Scotch Whisky）

由两种或两种以上谷物威士忌相调和而成。谷物威士忌很少被单独装瓶，通常与其他类型的威士忌调配后再装瓶。

作者注

1. 根据《2009 年苏格兰威士忌法规》整理。

苏格兰威士忌的
基本原料

水
大麦
酵母

不同的酒厂酿制的单一麦芽威士忌各不相同；同一家酒厂的不同橡木桶内的威士忌也各有千秋。每瓶威士忌都和人一样有自己的个性。威士忌的基本原料——水、大麦和酵母，源自制麦、糖化、酵酿、蒸馏、桶陈过程中的轻微差异和复杂多变的外部因素等，造就了这些特别之处。下面我们就先从制作原料开始深入了解一下这些各异的因素。

水

威士忌制造商在酿制麦芽威士忌时，将水视为极其重要的资源。水，对于酒厂而言是不可缺少的。

斯佩塞的斯佩河 ▷

在酿制麦芽威士忌的过程中，从糖化、酵酿、蒸馏到桶陈，水都必不可少。这些水的品质一般都能达到可饮用的级别，也就是通常使用的无矿物质／有机物的饮用水。甚至在蒸馏后也需要大量水来将气体酒精冷却、凝结成液体。

温度控制在大量生产威士忌时至关重要。一些酒厂由于水的紧缺和温度控制造成了高成本，不得不在夏季那几个月暂时关闭工厂。一些学者认为不同季节的蒸馏效果会有微妙的差异，如果气温太高，冷凝过程与蒸馏仪器皆会受到影响，最终酒精纯度将遭到破坏。因此，他们认为冬季是生产最佳新酒的季节。水对维护酒厂也至关重要，因为清洁过程需要大量水。因此，酒厂从泉水、井水、溪水、堰塞湖或其他指定水源获取水，有时为了确保获取洁净水源的持续性，会购买毗邻水库或湖泊的土地。

大麦

大麦是关键的酿酒原料之一，需要选用优质、稳定的大麦。大麦颗粒可分成九个等级，而等级较低的大麦不能发芽，只有前三级（占产量的 20%）的大麦颗粒才能制成麦芽。

酿酒专家对优质大麦进行了如下描述，可以总结为"两高""两低""两优"：

∧ 大麦

1/ 两高：高淀粉和高发芽率

生成的酒精量随着大麦中淀粉含量的增多而升高，因为糖由淀粉分解而成，酒精由糖转化而来。

发芽率对制作麦芽非常重要。

2/ 两低：低蛋白和低氮

蛋白含量必须不高于 1.5%。淀粉的含量随着蛋白质的含量增高而减少，产生的酒精量也随之减少。

氮含量必须不高于 1.7%。氮含量高标志着蛋白质含量高。另外，氮是肥料的主要成分，大麦发芽会受到其过量使用的阻碍。

3/ 两优：成熟度优和干燥度优

相比一般大麦成熟期，优质的大麦要长三天。

因为一旦湿度超过 16%，大麦就会产生霉斑。所以储存大麦的仓库必须保持干燥，最合适的湿度是 12%。

酿酒专家表示，只要符合以上几点要求，无论大麦的产地是哪里，都能产出品质稳定的麦芽。当然，为了保持当地传统、宣传自己的产品，很多苏格兰威士忌制造商声称苏格兰大麦是全世界最好的大麦。他们认为苏格兰北部冬季严寒，可将地里的害虫冻死，从而避免使用有害的杀虫剂，而大麦的风味也因为夏季的日照时间较长而提升。

在 1909 年关于威士忌的定义的一项法案中，麦芽威士忌制造商试图通过立法要求只能用苏格兰大麦来酿制威士忌。

当时，麦芽威士忌供应商从苏格兰的某些地区和农场主手中采购大麦。而谷物威士忌生产商则恰恰相反，他们从丹麦、美国、澳大利亚等其他国家进口大麦。目前，苏格兰大麦产量已足够生产威士忌，但酒厂依然会从海外进口大麦，目的是减少国内潜在产量降低所带来的风险。

麦芽和碾碎的麦芽（粗麦粉）〉

　　威士忌酒厂选用大麦品种的历史和发展趋势体现了一个很有趣的事实：不同于其他发酵烈酒生产商，尤其是葡萄酒生产商，威士忌酒厂更关注大麦的生产力。

　　文下表格按照时间顺序列出了不同时期威士忌酒厂使用的大麦品种。导致品种转换的核心因素表现出威士忌生产商更关注大麦是否易于种植，将其作为淀粉和提取酒精的来源，而并不依靠其产生酒香。

名称	描述
Chevalier, Goldthorpes	流行时间为 20 世纪前及初期
Spratt Archer, Plumage Archer	20 世纪初期至中期前的主要品种
Golden Promise	20 世纪 60 年代末至 80 年代中期苏格兰威士忌产业主要使用的品种。通常生长于苏格兰北部，易于发芽，产生酒精的比例更高。现在很少种植该品种大麦，即使一些麦芽威士忌酒厂仍坚持使用这种大麦，但仍无法阻止其日渐稀少的事实
Camargue, Tyne, Blenheim, Prisma	20 世纪 90 年代之前最受欢迎的大麦品种。相较前代，更易于种植，淀粉含量更高
Chariot, Derkado, Halcyon, Delibes, Optic, Melanie	20 世纪 90 年代中期最受欢迎的大麦品种

泥煤并不是所有酒厂都使用，如格兰爱琴（Glen Elgin）和格兰哥尼（Glengoyne），但大部分威士忌制造商都会使用其来酿制威士忌。斯佩塞地区的平均泥煤含量是 2 PPM，高地地区是 20 ~ 30 PPM，艾莱——烟熏味最浓的威士忌产区，是 35 ~ 50 PPM，阿贝则为 40 PPM 以上。

最初，泥煤只用作替代煤的燃料。早期的酿酒者们发现泥煤能使麦芽拥有浓烈的烟熏味，此后它便成为酿制麦芽威士忌的关键材料之一。

酵母

∧ 使用酵母发酵的麦芽提取物

酵母是一种微生物菌，1 克中含有 100 亿个细胞。酵母有无数种类，在适应得了环境的情况下就可在各种温度下存活并开始进行增殖。但只有 1000 种酵母可用以商业途径，只有几种可用于麦芽发酵，还有一些可以用来制作面包或者啤酒。

据说，酵母（yeast）一词出自法语"levure"，也有说出自西班牙语"levadura"。由于酵母能让面包在烘焙过程中膨胀，这个词还有"提升"的意思。

与蘑菇孢子相似，酵母细胞可维持休眠状态多年，只需合适的糖分、温度和湿度即可活化。加入糖分后，单个的酵母细菌会发泡，迅速繁殖。通常在两小时内，在释放二氧化碳、酒精和热量的同时，细胞含量就会增长一倍。

绝大多数情况下，发酵可在 48 小时内完成，同时将糖转化成酒精。所有进一步发酵都为提升酒的风味服务。完全发酵的提取物与啤酒很接近，也称粗麦酒。

由于酵母产生的酒精、酯、醛、酸和其他同类物质会影响威士忌的风味，所以现在酿制威士忌使用的酵母几乎都适合实现最高的酒精产量。

麦芽
苏格兰威士忌
制作流程

制麦

糖化

酵酿

蒸馏

桶陈

选择木桶与装瓶

制麦

未发芽大麦粒中的淀粉被表皮细胞包覆，细胞壁将两个表皮细胞分隔开。在发芽过程中，细胞壁和淀粉蛋白分解，淀粉将逐渐释放。

制麦的三个步骤：

1/ 浸泡

浸泡是整个发芽过程中最重要的步骤，大麦在这个步骤中将被"骗入"生长期。大麦发芽通常需要几周甚至几个月的时间，但发芽厂不用两天就可以做到。把大麦充分浸入水中，然后使其与空气接触，如此进行三次，其湿度就会从 12% 增加到 46%。这是谷物发芽的最佳条件。为了确保生成品质稳定一致的麦芽，麦芽生产商会对照大麦的种类和含氮水平以及水和空气的温度，严格控制大麦浸水和与空气接触的时间。为了防止大麦被破坏，整个过程中必须仔细照料。

2/ 发芽

经浸泡后的大麦开始生长，包覆蛋白质的细胞壁裂开。将大麦放到大号的圆筒中沥干水，保持空气凉爽湿润、温度稳定，为发芽做好准备。细胞壁被麦芽产生的酶分解，又分解掉细胞核内的胚乳，将其中的蛋白质转化成淀粉。这一过程共需要五天的时间，温度在整个过程中是第一重要因素。

3/ 烘干

烘干的目的是将麦芽的含水量降低到 4.5% 左右，从而使其停止生长。只要向麦芽床里通入最多 30 个小时的暖空气就能达到这个目的。但是暖空气的温度不能太高（最初为 55 ℃），否则可能会破坏麦芽所含的酶。

泥煤是烘干过程中另一个重要因素。使用泥煤烘干可令酒厂的产品别具一格，烘烤时泥煤的用量和烘烤的时间会对麦芽威士忌的风味产生影响，因此麦芽生产商会根据每家酿酒商的特征和需求来调整烘烤时的泥煤浓度。

用泥煤熏干会使麦芽拥有烟熏味，有些酒厂为了产生最大的烟熏味，先燃烧干燥的泥煤再不断添加湿泥煤。

1. 浸泡
2. 发芽
3. 烘干

大麦发芽的过程

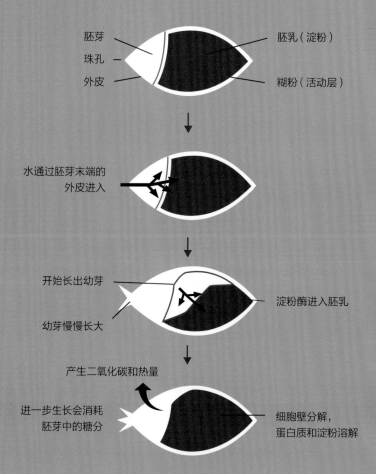

胚芽
珠孔
外皮

胚乳（淀粉）
糊粉（活动层）

水通过胚芽末端的
外皮进入

开始长出幼芽
幼芽慢慢长大

淀粉酶进入胚乳

产生二氧化碳和热量

进一步生长会消耗
胚芽中的糖分

细胞壁分解，
蛋白质和淀粉溶解

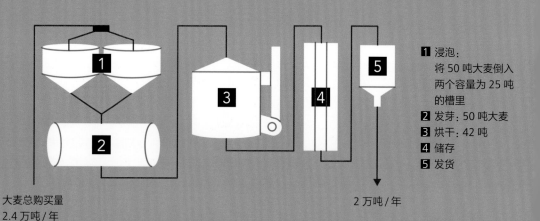

大麦总购买量
2.4 万吨 / 年

2 万吨 / 年

1 浸泡：
将 50 吨大麦倒入
两个容量为 25 吨
的槽里
2 发芽：50 吨大麦
3 烘干：42 吨
4 储存
5 发货

对比烘烤麦芽时泥煤的水平，可将麦芽威士忌分为四类：

- **重泥煤气息型**
  大部分是产自艾莱岛地区的威士忌
  （如：卡尔里拉、乐加维林、波特艾伦）
- **中等泥煤气息型**
  大部分是产自斯凯岛地区的威士忌
  （如：泰斯卡）
- **轻泥煤气息型**
  经典麦芽威士忌
- **无泥煤气息型**
  酿制威士忌所用的麦芽烘干时没有使用泥煤
  （如：克里尼利基、格兰爱琴）

麦芽根不能用于酿酒，必须去除。通常会将麦芽根压缩或加入糖浆制成动物饲料或化肥。除根后的麦芽放入筒仓中，再运输到不同的酒厂。

用泥煤烘烤麦芽 ＞

糖化

糖化作为威士忌酿制过程的第二个重要步骤，需要将麦芽淀粉转换成糖，糖会转化成酒精。因为威士忌酒厂大多从制麦厂购买成品麦芽，所以他们的酿酒过程大多从磨碎麦芽开始。

先将麦芽磨成粗麦粉，通常比例是 10% 的麦粉、20% 的麦壳和 70% 的麦粒，麦粒的大小很重要，颗粒太小会妨碍发泡桶发挥作用，太大则液体排出速度过快，以致提取效果无法达到最佳水平。

传统糖化过程中，会向容器中添三次水，从而产生尽可能多的糖分。

1/ 第一次添水

将碾碎的粗麦粉倒入糖化槽中，并加入前一次糖化留下的第三股水（容量为粗麦粉体积 3 倍），温度加热至 63 ℃左右。几小时内糖和酶会溶于热水，形成稠密的复合物，即粗麦汁，此时麦芽中的淀粉已转化成麦芽糖。这一步骤的重中之重是要保持精准的温度，因为温度稍低会延迟化学反应，而温度过高则会杀死酶，导致无法提取糖。最后，在麦芽汁收集器中倒入粗麦汁。

∨ 将热水洒到不锈钢桶内碾碎的麦芽上

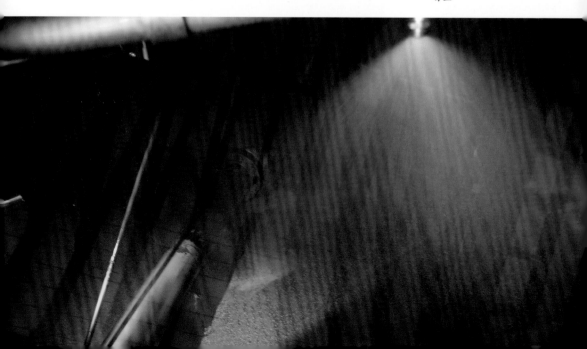

2/ 第二次添水

将粗麦汁倒出后，向起泡桶中添加 75 ℃的水（水量为第一次的一半），再继续从剩余的碎麦芽中提取糖分，时长约 30 分钟，以便冲出更多的淀粉转化产物，同时将获取的粗麦汁降低温度至 20 ℃，以便于第三次添水。

3/ 第三次添水

达到向剩余的少量碎麦芽中提取糖分的目的，向容器内添加 85 ℃的水，并剧烈搅拌 15 分钟。该过程结束后，将产生的粗麦汁作为下一批次粗麦粉糖化的第一次添水的原水。

酵酿

威士忌酵酿是在用落叶松或松木制作的大型酵酿槽中进行。现代酵酿槽也使用不锈钢，容量从 1000 升到 6.9 万升不等。除无须杀菌外，酿制威士忌的酵酿过程与啤酒相同。

酵酿第一步是在发酵桶内加满三分之二的粗麦汁，然后加入酵母。为了保持酵母活性，同时为酵酿提供合适的环境，发酵桶的温度必须保持在 16 ~ 20 ℃。酵母必须有氧气才能呼吸和酵酿。为了使酵母快速消耗容器内的糖分，需加速酵酿过程。随着产生的酒精和二氧化碳的增多，酵母逐渐失去活性。粗麦汁是形成的复合物，是一种发酵液体。粗麦汁泡沫丰富，温度在 35 ℃左右。

最后阶段要持续 12 小时，在温度和酒精含量都越来越高的情况下，酵母停止生长，代之以菌类发酵。菌类主要包括乳菌素和各种化学成分，但每家酒厂都通过自己的乳菌素来保持各自酒品的特别风味。菌类在影响蒸馏过程的同时，也对最终产品的酸度和口感起到很大作用。

因此酵酿过程的关键是对时间的控制。一些研究显示，为了获取蒸馏所需酒精通常要酵酿 48 小时。缩短酵酿时间虽然增加了威士忌的坚果味和辛辣味，却会影响威士忌的其他特征，也会影响蒸馏过程。

完全发酵液体（发酵复合物 15%，二氧化碳 85%）酸度很高，酒精度为 5% ~ 8%。可将剩余的麦芽汁做成动物饲料或化肥，在蒸馏设备中移入产生的液体。

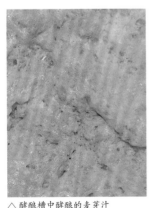
∧ 酵酿槽中酵酿的麦芽汁

为了防止细菌污染，酵酿前后都必须彻底清洁酵酿槽。不锈钢酵酿槽因为易于保持清洁而受到欢迎，但一些保守的酒厂仍对其持有争议态度。

尽管不锈钢酵酿槽更耐用、更卫生，但很多酒厂坚持使用木质酵酿槽，即使后者每 40 年就需要更换一次。他们认为最终威士忌的风味会丰富，是因为酒精和木材细胞内的细菌可加速酵酿过程中的化学反应，虽目前还没有证据证明这一观点，但为获得更佳的威士忌风味，波摩酒厂已换用木质酵酿槽。

酒厂要获取更多的酒精离不开干净的酵酿槽、稳定的温度、缓慢的酵酿过程和清洁的水源。

蒸馏

蒸馏代表着酿酒技术达到高峰。采用水果或谷物酿制而成的烈酒沸腾时会产生酒精蒸汽，蒸汽冷却后会形成酒精度很高的蒸馏酒，新酒比发酵酒酒精含量高。

通俗来说，由于酒精的沸点(78 ℃)低于水的沸点(100 ℃)，所以酒精达到沸点后会从水中蒸发分离出来。这是蒸馏过程的最基本原理。

麦芽威士忌通常用铜质壶型蒸馏器酿制，所谓的回流便是粗麦汁在蒸馏器内持续沸腾，不断发生升华和冷凝过程。大部分酒厂为了提高酒精度，会使用两个以上的蒸馏器，进行多次蒸馏，有的酒厂甚至进行三次蒸馏。

由于酒精与蒸馏器的铜质表面相互作用，威士忌的风味和特征受到了蒸馏器的形状、尺寸、数量，导管的斜度以及冷凝过程极大的影响。

■ **不同形状的蒸馏器**

普通形	球形	灯形

位于苏格兰低地的格兰昆奇酒厂拥有最大的蒸馏器，粗麦酒蒸馏器和烈酒蒸馏器容量均为 3.1 万升；皇家蓝勋酒厂则拥有最小的蒸馏器，其中粗麦酒蒸馏器容量为 6500 升，烈酒蒸馏器为 4000 升。

冷凝的过程也是至关重要的，现在主要使用的冷凝系统有两种。比较传统的方式是使用虫桶冷凝器（一个带螺旋管的设备），它有一个盛放冷水的大型容器，酒精蒸汽穿过螺旋铜管并冷却下来。但是这种方式后来逐渐被更现代快捷的冷凝器所取代，因为它效率较低，而且需要大量水。

但据说正是因为虫桶冷凝器可减少酒精和铜的接触，才能酿制出更浓烈的风味。酿制出的威士忌有更强的硫黄味及肉脂类的鲜香味，口感更饱满，也有自然的植物香味，让威士忌爱好者颇为喜爱。与之形成对比的是，由于现代柱状直立式冷凝器使酒精与铜的接触比较频繁，因此酿制的威士忌更轻盈，带有水果或青草香味。

■ 传统虫桶冷凝器　　　　**■ 现代柱状直立式冷凝器**

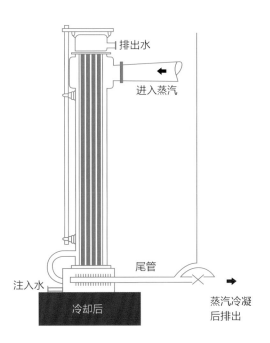

　　蒸馏器有各种形状和尺寸，主要用铜制成，铜易于塑形，因此需要经常更换。因为外形或尺寸上轻微的改变都会影响威士忌的特性，所以铜质蒸馏器需要格外护理。

　　长导流管保证了更长时间的回流，可酿制酒体更轻盈的威士忌，而表面积较小的蒸馏器酿制的威士忌口感浓重。

　　下图左边图片中的蒸馏器适合酿制口感轻盈的威士忌，有朝上倾斜的导流管，回流过程较长。相反的是，右边图片中的蒸馏器适合酿制口感较浓重的威士忌，有朝下倾斜的导流管，回流过程短。而中间图片带水平方向导流管的蒸馏器能提升威士忌的坚果风味。

■　不同形状的导流管

朝上倾斜的导流管	水平方向的导流管	朝下倾斜的导流管

　　酒精和铜质之间相互作用，发生了复杂的化学反应，对成品酒的特征有极大影响。就口感而言，酒精与铜之间频繁反应会减少酒的硫黄味，并形成不同的口感。

1/　第一次蒸馏

　　第一次蒸馏是指在粗麦酒蒸馏器中从粗麦酒中提取酒精。粗麦酒是一种与啤酒类似的发酵液体，酒精度大约为8%。在蒸馏器中倒满一半或三分之二的粗麦酒，然后加热至沸腾，直到泡沫达到导流管的颈部。调配师必须控制好温度，并从排管颈部的玻璃视窗查看泡沫的状态，防止泡沫溢至冷凝器内。泡沫消退后，为获取更多酒精要调高温度。由于从前排管颈部没有玻璃窗，就借助木质的小球，沸腾的程度通过木球撞击蒸馏器表面的声音来估测。不同于烈酒蒸馏器，粗麦酒蒸馏器有玻璃窗，而且它的尺寸大约是烈酒蒸馏器的 2 倍，以容纳更多的液体。

　　粗麦酒蒸馏器最终形成的是初酒，酒精度为 21% ～ 23%。蒸馏后在蒸馏器内的剩余物，即酒糟，几乎不含酒精，也就没有商业价值，可将其混合用于动物饲料或肥料。

■ **粗麦酒蒸馏器**

用于蒸馏发酵麦芽汁

1 导流管
2 鹅颈管
3 防溃阀
4 主门
5 肩部
6 卸料阀与观察孔
7 玻璃窗
8 排气阀
9 清洗阀
10 填料阀
11 出酒阀
12 加热器

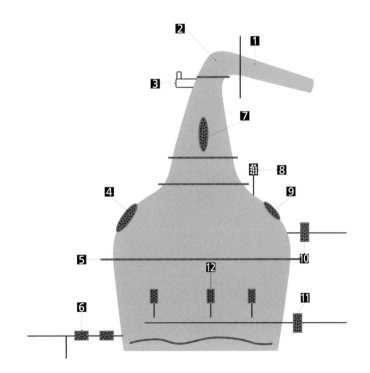

2/ 第二次蒸馏

第二次蒸馏旨在提纯初酒，提升酒的品质。蒸馏方法与第一次很类似，要从新酒中分离出酒心则要求调配师更谨慎，对所需技术的要求也更复杂。

因为酒头和酒尾会含有无益于酿酒的成分物质，调配师会将其前后单独收集。为了保证威士忌的特别风味，从而获得最优的酒心部分。为此，每个调配师都要自己把握何时开始提取分离物。调配师用这种方法将酒精度稳定在 70% 左右。有的调配师会在分离新酒头时将温度加到 90 ℃，以提高酒精度（达到 75% ~ 80%）。

酒头是蒸馏期间最先产出的部分，味道很明显，不适合制作麦芽威士忌。调配师为分离酒头，会先用水在烈酒保险箱中稀释蒸馏物，直到溶液变清澈，然后将其导入麦芽酒精槽内。这一过程称为"消泡测试"。

影响每种威士忌特殊风味的又一关键所在是蒸馏方法和酒心提取的差异。因此，为了提取酒心，调配师会在恰当的时刻中止往酒精槽内倾倒溶液。

第二次蒸馏所集取的酒心酒精度为 72% ~ 75%。酒头与酒尾也会被收集与下一批的低度酒再一起蒸馏，直到产出的酒精含量不足 0.1% 时才停止，最后的剩余物称为"酒渣"。

乐加维林酒厂的蒸馏器。左边是粗麦酒蒸馏器。右边是烈酒蒸馏器。>

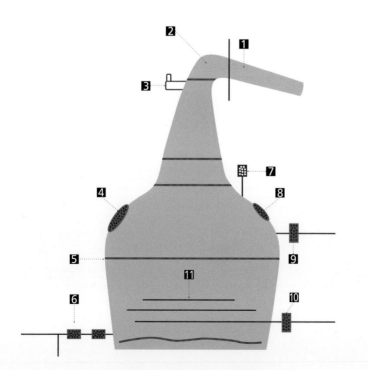

■ **烈酒蒸馏器**
第二次蒸馏时用到的蒸馏设备

1 导流管
2 鹅颈管
3 防溃阀
4 主门
5 肩部
6 卸料阀与观察孔
7 排气阀
8 清洗阀
9 填料阀
10 出酒阀
11 暖气盘管

新酿威士忌的口感和特征

下图展示了口感轻盈及口感浓烈
威士忌的各种风味

LIGHT
轻质威士忌

- 清爽
- 香水味
- 青草味
- 水果味
- 甜味
- 蜡味
- 金属味

HEAVY
浓郁威士忌

- 烟熏味
- 坚果味
- 香料味
- 硫黄味
- 蔬菜味
- 肉味
- 青草 / 油味

根据酒厂和冷凝/蒸馏设备类型划分威士忌风味

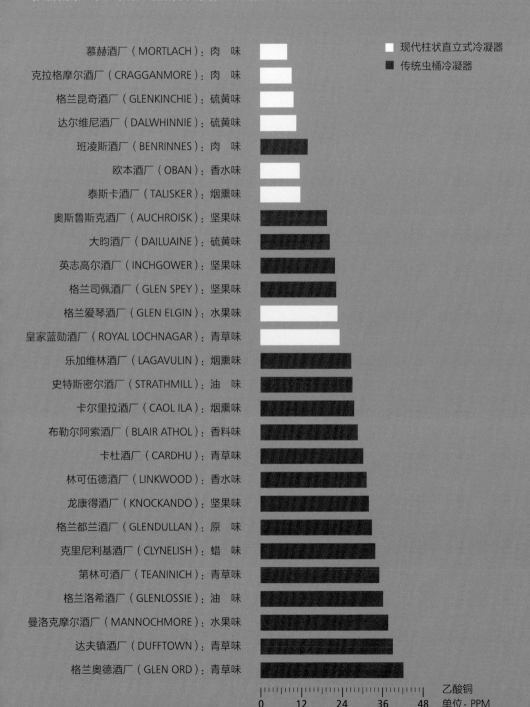

□ 现代柱状直立式冷凝器
■ 传统虫桶冷凝器

慕赫酒厂（MORTLACH）：肉　味
克拉格摩尔酒厂（CRAGGANMORE）：肉　味
格兰昆奇酒厂（GLENKINCHIE）：硫黄味
达尔维尼酒厂（DALWHINNIE）：硫黄味
班凌斯酒厂（BENRINNES）：肉　味
欧本酒厂（OBAN）：香水味
泰斯卡酒厂（TALISKER）：烟熏味
奥斯鲁斯克酒厂（AUCHROISK）：坚果味
大昀酒厂（DAILUAINE）：硫黄味
英志高尔酒厂（INCHGOWER）：坚果味
格兰司佩酒厂（GLEN SPEY）：坚果味
格兰爱琴酒厂（GLEN ELGIN）：水果味
皇家蓝勋酒厂（ROYAL LOCHNAGAR）：青草味
乐加维林酒厂（LAGAVULIN）：烟熏味
史特斯密尔酒厂（STRATHMILL）：油　味
卡尔里拉酒厂（CAOL ILA）：烟熏味
布勒尔阿索酒厂（BLAIR ATHOL）：香料味
卡杜酒厂（CARDHU）：青草味
林可伍德酒厂（LINKWOOD）：香水味
龙康得酒厂（KNOCKANDO）：坚果味
格兰都兰酒厂（GLENDULLAN）：原　味
克里尼利基酒厂（CLYNELISH）：蜡　味
第林可酒厂（TEANINICH）：青草味
格兰洛希酒厂（GLENLOSSIE）：油　味
曼洛克摩尔酒厂（MANNOCHMORE）：水果味
达夫镇酒厂（DUFFTOWN）：青草味
格兰奥德酒厂（GLEN ORD）：青草味

乙酸铜
0　　12　　24　　36　　48　单位：PPM

桶陈

　　著名威士忌专家詹姆斯·斯旺博士（James Swan）说："新酒在橡木桶内桶陈所发生的变化就好比毛毛虫到蝴蝶的蜕变。"

　　将蒸馏得到的新酒放入橡木桶中桶陈，这是酿制威士忌最关键的一步。很多专家认为桶陈过程多多少少决定了麦芽威士忌的风味。

　　采用壶型蒸馏器产生的麦芽威士忌新酒酒精度数在 70%。产业通常做法是，将新酒稀释至 63.5%。再根据苏格兰的规定将其在橡木桶中至少存放三年。受苏格兰的地理和环境特征影响，存放在橡木桶中的威士忌酒精度数会慢慢降低。由此，刚开始桶陈的威士忌酒精度数不得低于 63.5%，否则在装瓶时会因度数太低，而无法满足苏格兰威士忌的法定规定的 40% 的酒精度数。

1/ 木材

根据法律规定，威士忌酒桶必须用橡木制作，最常使用的是美国白橡木和欧洲橡木。

橡木必须达到一系列标准才能做成橡木桶。比如，必须选用达到一定树龄的橡木。大多情况下，一棵树上的木材只能制作不超过两个橡木桶。

橡木含有多种组成成分，如纤维素、半纤维素（提高酒的色泽和甜度）、木质素（释放含香草味的复杂芳香）和单宁（产生微妙的涩感）。正因此，橡木桶才非常适合酿制威士忌和白兰地等陈酿酒。橡木还对氧化酒精有利，帮助去掉粗劣的口感，使果香更浓郁。去除一些不想要的味道可通过炭化橡木桶内部来完成。

■ 制作橡木桶所用木材

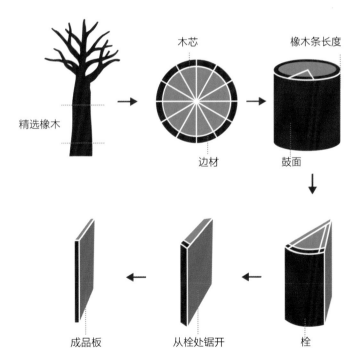

2/ 橡木桶

由于橡木桶对威士忌风味特征有极大的影响，橡木桶必须拥有最高质量。

以苏格兰威士忌为例，最常用的橡木桶有 500 升大酒桶、250 升酒桶和 200 升美国标准桶。

■ 根据容量和用途划分橡木桶种类 [1]

名称	容量	用途
戈尔达桶（Gorda）	600 升	
派普桶（Pipe）	500 升	一般用于存放波特酒
猪头桶（Hogshead）	245 升	最常用于存放威士忌
邦穹桶（Puncheon）	327 升，19 世纪加以改进，达 509 ~ 546 升	
巴特桶（Butt）	500 升	一般用于存放雪莉酒
标准桶（Barrel）	200 升	以美国白橡木著称，陈酿过美国波本威士忌
小孩桶（Kilderkin）	82 升	
四分之一桶（Quarter）	127 升	
安克桶（Anker）	45 升	
八分之一桶（Octave）	61 升	

■ 橡木桶的结构和各部分的名称

1 封塞口
2 头部铁箍
3 桶底凸边
4 桶底斜边
5 桶底正边
6 铁骨紧固件
7 橡木条
8 橡木条接缝处
9 弦部铁箍

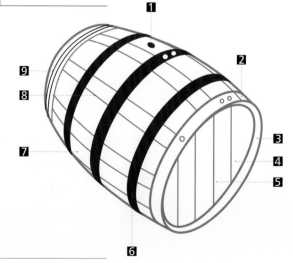

编者注

1. 容量数据参考：［法］希瑞尔·马尔德、亚历山大·瓦吉著，《图解威士忌》，北京出版集团、北京美术摄影出版社，2021 年。此书作者为资深酒精类顾问，苏格兰威士忌协会推广大使。

烘烤橡木桶内部对威士忌的整体风味有重要影响。不仅能够提升香草香和橡木桶内已有的酒香，还可以消除各种异味。另外，新制造的橡木桶不适合桶陈苏格兰威士忌。比如，对酿制霞多丽葡萄酒而言，新橡木桶散发出的木材味道很有用，但对苏格兰威士忌的风味而言这种味道是一种干扰。因此，苏格兰威士忌通常用使用过的橡木桶来桶陈，而且大部分木桶之前用来桶陈雪莉酒或波本威士忌。在桶陈过程中，酒精与空气发生反应，橡木桶在其中起到了很大作用。

■ 橡木桶的功能与效果

橡木桶的功能	效果	示例
减法	除掉新酒中不需要的成分	去除硫黄味和粗糙口感
加法	提取并增加木香	木桶中的香草醛和橡木内酯赋予酒不同风味
交互作用	橡木桶内外的空气发生微妙的反应，改变酒精的化学特性	改变缩氨酸结构（乙醛和酒精的复合物：无色，有酒精气味）

■ 橡木桶的制作流程

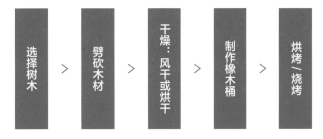

选择树木 > 劈砍木材 > 干燥：风干或烘干 > 制作橡木桶 > 烘烤／烧烤

■ 欧洲和美国橡木桶对比

∧ 橡木桶

类别	欧洲橡木桶	美国橡木桶
内表面	烘烤	炭化
威士忌颜色	深褐色	浅金色
威士忌风味	干果味、硫黄味、单宁、葡萄酒	香草味、糖果味、椰子、太妃糖、焦糖
原产地	大部分来自西班牙北部的加利西亚地区	毗邻加州北部密西西比河的欧萨克山区

■ **桶陈威士忌的橡木桶的不同名字及相关描述**

名称	描述
酿造过波本威士忌 /雪莉酒的木桶	之前曾用于桶陈波本威士忌或雪莉酒的橡木桶
重复灌装波本威士忌 /雪莉酒木桶	用波本威士忌 / 雪莉酒酒桶桶陈过一次威士忌后，又多次（两次或三次）用来桶陈威士忌
重制波本威士忌 /雪莉酒木桶	橡木桶用过三次以上后会缺少香味，而后被拆解、修整，然后烘烤或烧烤

■ **橡木桶的生命周期**

　　用于桶陈威士忌的橡木桶可重复使用。根据法律规定，先用新橡木桶桶陈美国波本威士忌，然后出口到拉美桶陈龙舌兰或朗姆酒，或出口到欧洲桶陈威士忌或白兰地。西班牙也将桶陈过雪莉酒的橡木桶出口到英国或法国，用来酿制威士忌和白兰地。

3/　**酒窖和酒窖的选址**

　　虽说威士忌的桶陈环境很重要，但还不及酒厂和橡木桶的特性以及桶陈时间那么重要。但无论如何，桶陈过程受苏格兰寒冷湿润的气候的影响很大。因此，苏格兰酒厂

在设计和选址酒窖时非常谨慎。另外，所有威士忌都与橡木桶发生反应，不断呼吸，储存的威士忌每年会挥发掉 2%，挥发掉的那些被苏格兰人称作"天使的分享"。实际上，预测当年威士忌的产量只需要敲敲橡木桶。因为酒精挥发，在酒窖隔板上会生有黑霉。

传统酒窖通常采用黏土或木质地面，将橡木桶堆成三层存放。为了保持一定的湿度和温度，通常用石头建造在地势较低的位置，促进空气流通，这对酿制特别的威士忌非常重要。

而现代酒窖则采用通用建造标准：有 12 层橡木桶那么高，而且能同时放上千个橡木桶。为了拥有最佳的桶陈环境，湿度和温度均自动控制。

由于橡木桶的位置不同，即使用同一类橡木桶桶陈的威士忌最终风味也各有差异。比如，艾莱岛上不稳定的湿度和温度以及冬夏季间极大的温差，极大地影响了那里出产的威士忌的风味，不同于斯佩塞地区的威士忌。但是对于之前过程中的其他因素而言，这些影响还是很不值一提的。

4/ 桶陈时间

威士忌特征的最终决定因素是桶陈和桶陈时间。与葡萄酒相似，威士忌在桶陈期间也有一个生命周期。无论多么高级的葡萄酒都必然会经历年轻、成长、成熟和衰老的过程。威士忌也如此，因此将其调配或装瓶必须在威士忌衰老之前进行。最佳时机受各种因素的影响，如木桶的尺寸和使用频率以及酒精的特性[1]。不同于葡萄酒，威士忌一旦装瓶就会终止桶陈。

所有威士忌制造商都对每个季节应在何时停止桶陈了如指掌，从而酿制出别具一格的威士忌。换个说法，能够分辨酒液的状态是桶陈过程中最重要的，而不是尽可能延长桶陈时间。

随着时间的流逝，橡木味会遮盖掉新酒的特殊风味，酒的品质也随之降低。最佳装瓶时间是当橡木味和新酒的原味不相上下时。

桶陈时间因橡木桶的不同而有极大的不同，下面将展示每种酿制过波本威士忌的木桶的桶陈时间和酿出的威士忌的特征。

作者注

1. 苏格兰低地口感轻盈的威士忌的桶陈时间通常快于艾莱岛口感浓烈的威士忌。

桶陈的一般机制

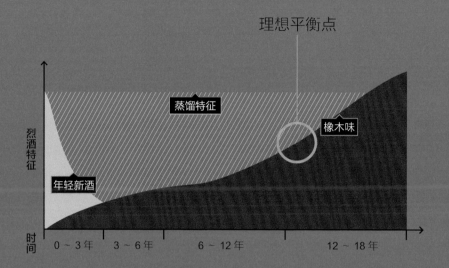

酿制波本威士忌的酒桶

- 由木桶产生的美国波本威士忌香味
- 在前三年，橡木桶的内部经木炭烘烤清除了异味，也加速了桶陈的过程。经过 8 ~ 10 年，各种味道达到融洽点，产生香甜的椰子味

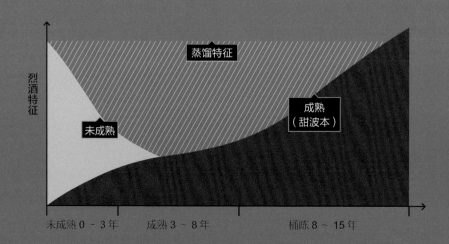

酿制波本威士忌的酒桶

- 因为木桶携带的味道已经很淡，所以对威士忌风味的影响甚微
- 桶陈过程很缓慢，受蒸馏特征的影响甚于受木桶的影响。最终酿制的威士忌酒体轻盈，风味细腻
- 桶陈时间特别长的威士忌（25 ~ 30 年）必须放置在这种木桶内

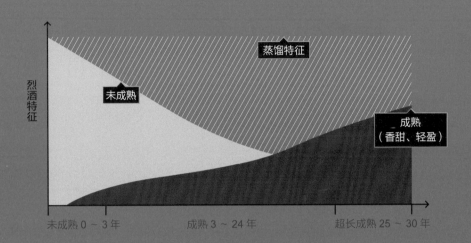

翻新波本威士忌酒桶

- 不成熟的特征（如硫黄味），会很快消除
- 这令最终产品发甜（如香草味），带有果香
- 作为重复灌装木桶重复使用

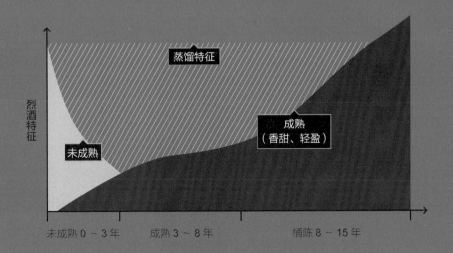

下图按照不同种类的木桶描述了威士忌的风味

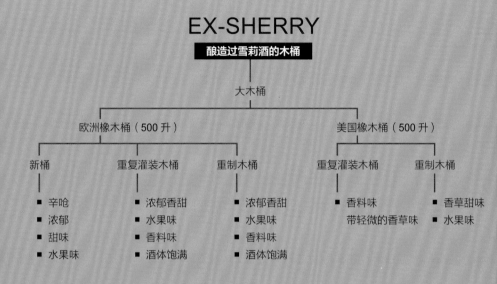

EX-SHERRY
酿造过雪莉酒的木桶

大木桶

欧洲橡木桶（500升）

美国橡木桶（500升）

新桶
- 辛呛
- 浓郁
- 甜味
- 水果味

重复灌装木桶
- 浓郁香甜
- 水果味
- 香料味
- 酒体饱满

重制木桶
- 浓郁香甜
- 水果味
- 香料味
- 酒体饱满

重复灌装木桶
- 香料味
  带轻微的香草味

重制木桶
- 香草甜味
- 水果味

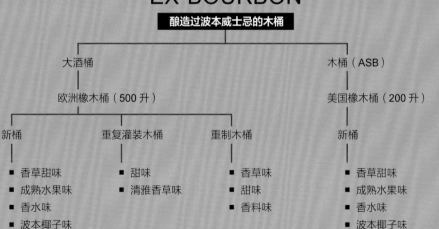

EX-BOURBON
酿造过波本威士忌的木桶

大酒桶

木桶（ASB）

欧洲橡木桶（500升）

美国橡木桶（200升）

新桶
- 香草甜味
- 成熟水果味
- 香水味
- 波本椰子味

重复灌装木桶
- 甜味
- 清雅香草味

重制木桶
- 香草味
- 甜味
- 香料味

新桶
- 香草甜味
- 成熟水果味
- 香水味
- 波本椰子味

选择木桶与装瓶

　　为了确保质量的稳定，在装瓶前，调配师会评估威士忌的风味。为了确保它们有相同的品质，他们把之前的威士忌和准备装瓶的威士忌放在同一个地方，然后将它们同时倒入 200 个 250 升的大桶中调制。

　　调制完成后，开始加水稀释，直到达到所需的酒精度数。有的威士忌可添加经许可的焦糖色素来调整色泽。

　　有一些麦芽威士忌的酒精度数在木桶中就降低了，所以无须加水稀释。桶陈时间较短，但有时酒精度数能高达 60%，这种未经稀释的桶陈产品越来越受到威士忌爱好者和收藏家的欢迎。

　　双桶威士忌也颇受人喜爱，在酿造过波本威士忌 / 雪莉酒的木桶内桶陈后，为了增加酒液风味，又转入另一个橡木桶中进行桶陈。第二次桶陈中，通常选用波特酒、马德拉酒或其他加强型葡萄酒酒桶。用知名葡萄酒使用过的木桶进行桶陈，使得一些威士忌变得更加特别。在市场销售中，特殊年份酿制的佳酿麦芽威士忌的受欢迎程度不亚于佳酿葡萄酒。

苏格兰威士忌风味

威士忌香气
主要口味
口感
嗅觉效果
产生眩晕感

苏格兰威士忌有多种不同风味，特别的风味以及每种风味的相互作用令每款产品都与众不同，正如三原色互相组合就能产生无数不同的颜色，这些特别的风味也赋予苏格兰威士忌复杂而丰富的香味和口感，而且有些味道即使被稀释到一万亿分之一的水平，我们也能察觉到它们的存在。每种威士忌都会表现出很多不同的风味，怎样对它们加以区分和描述是个非常难以解决的问题。

威士忌香气

麦芽气味

这些香味来源于麦芽，并在酿造的后期阶段（酵酿和蒸馏）得到过调整。它们既包括浓郁的麦芽萃取物香味，也包括青玉米耳穗的清新气息。

香水气味

这种香味来源于酯类和醛类物质，它们包括甜甜的香味、类似于溶剂的香味、部分斯佩塞威士忌通常散发出来的新鲜水果香味以及很多麦芽都具有的花香——例如格兰奥德的石楠花香味和卡杜的帕玛紫罗兰香味。

水果气味

这种香味也会带给人甜甜的感觉，但它们更加浓郁。其中包括比石楠花香更浓郁的石楠蜜香、比新鲜水果香味更加深沉的干果香味（水果干、小葡萄干）、香草香以及冰激凌苏打水和糖蜜太妃糖的香味。

泥煤气味

泥煤气息（也就是科学界所说的"酚类物质的气味"）主要来源于对麦芽进行干燥时燃烧的泥炭。它们包括带有香味的烟熏气息、木馏油气味、碘酒气味和苯酚皂的香味，乐加维林或卡尔里拉等艾莱岛麦芽威士忌就是具有此类香味的典型。

辛呛气味

这种味道的范围非常广泛，虽然我们并不会用它来描述"强烈的香味"，但这种香味其实也在它的范围之内。我们将蔬菜香味、肉香味、硫黄味、沙石气息、石楠和类似于烟草的香味也纳入了这个类别，因为它们都和"辛呛刺激性"这个科学术语有关。

其中经常听到的硫黄味，在苏格兰威士忌酿制过程中很常见，但硫黄复合物极不稳定，理论上应在蒸馏时轻松溶入酒液。但它们也非常活跃，会与蒸馏器的铜质表面发生反应，结果蒸馏出的硫黄很少。如果硫黄味较轻，会令酒充满厚重、复杂的口感。由于硫黄复合物非常不稳定，部分会在桶陈期间流失。它们还会与成熟酒的其他同类物质发生反应。虽然桶陈期间某些硫黄同类物质含量会降低，但其他的硫黄味会增强。

主要口味

主要口味包括甜味、酸味、咸味、苦味。

甜味是舌头味蕾感知的一种口感。甜味由三种风味组成。第一种是由乙酸苯乙酯产生的蜂蜜味。第二种是由香兰素产生的香草味。香兰素是桶陈期间木桶中形成的木材同类物质。不过桶陈并不是香兰素的唯一来源，最近在未成熟酒精中也发现了香兰素。通过分解大麦胚乳中木质成分可形成新酿酒。最后，桶陈过程中形成的诸如呋喃酮这样的复合物也会使得苏格兰威士忌有焦糖味。法律允许在苏格兰威士忌中添加焦糖色（焦糖色并非焦糖，而是一种焦糖颜色的色素），但只能用于着色，而且添加的量不能影响威士忌的风味。果香和花香也会增添整体的甜味口感。类似地，缺少一些香味，如硫黄味、酸味或陈腐味，可增强既有甜味，反之亦然。

酸味是指尝起来发酸的威士忌的口感风味，来源于辛酸、癸酸、醋酸和丁酸等。因此准确的表述应该是"尝起来发酸的产品的风味"。酸导致酸味的产生，有两种形成方式：

1/ 发酵期间形成，并在蒸馏过程中提取酒心的最后时刻被吸收。

2/ 不合格的木桶中细菌的生长形成酸。

咸味是指盐和舌头表面的味蕾接触时产生的口感，通常用来描述在沿海地区陈年的威士忌。但实际上苏格兰威士忌中的含盐量不足以引起味觉反应。

苦味则是桶陈期间木桶产生的单宁同类物质进入酒内，形成的苦涩味。低含量的单宁是有必要的，但若含量过高会导致酒太苦，则视为缺陷。

口感

口感是指口内和喉内黏膜因受刺激而形成的触感／痛感。分解成三部分，则为满口、涩口和暖口。某些威士忌，通常是成熟威士忌，能充盈口腔，饮用时会产生奶油或油的感觉。涩口，是食用时口内产生的干涩感，常见于成熟产品中。主要是因为桶陈时木桶内产生了单宁。暖口，指产品内酒精形成的灼烧感，这也是所有苏格兰威士忌的重要特征。进行口感评估时，通常会稀释样品（酒精度约 20%），稀释后会减弱灼烧感，产品的其他口感特征得到凸显。

青草味

形成青草香的同类物质通常于酵酿期间形成，并经过桶陈保存了下来，使成熟苏格兰威士忌的整体香味得到提升。

烟熏味

作为某些苏格兰威士忌的重要特征，烟熏味经桶陈后保存了下来。其形成的主要原因是酚复合物。除了谨慎控制泥煤烟熏外，其他原因也会产生烟熏味。酚复合物不仅在酵母对谷物去碳酸基过程中会形成，低水平的酚复合物也会在未使用泥煤而蒸馏产生的新酿酒中存在。

嗅觉效果

嗅觉效果是指鼻腔膜受刺激而产生的痛感。嗅觉效果分成两部分：辛辣感和刺痛感。辛辣，也是所有苏格兰威士忌和新酿酒的重要特征，指产品内酒精形成的灼烧感。通常用酒精度约 20% 的样品进行嗅觉效果评估。

苏格兰威士忌还能产生刺痛感或胡椒味。丙烯醛通常会产生这种嗅觉效果。胡椒味在新酿酒和未成熟威士忌中最为常见，在桶陈期间丙烯醛含量会逐渐减少。

产生眩晕感

产生眩晕感的这一特征在壶型蒸馏器蒸馏的最终阶段最为常见。这一特征在桶陈过程中弱化。尽管效果很弱，成熟威士忌的整体特征仍会受到影响。产品的复杂性正是源于它。区别苏格兰威士忌和其他成熟烈酒的有效方式是眩晕感的产生。蒸馏过程中，酸味、谷物香味、烟熏味和油香通常会产生眩晕感。但是，产生眩晕感的同类物质尚不清楚，至今研究还在进行当中。

威士忌已经融入我的生活，成为我生命中不可或缺的一部分。

作为帝亚吉欧品牌大使，我曾数次前往苏格兰，探访四大产区的多间酒厂。在亲眼看到水、大麦、酵母经历酵酿、蒸馏、桶陈等工艺成为威士忌酒液后，每一个步骤与流程都让我印象深刻。苏格兰酒厂数量众多，每一间酒厂在工艺流程上虽然有相通之处，但深入探究，就会发现其实都有着各自的逻辑所在，而正是这些看似细微的差别，便会对酒液的风味产生极大的影响。其中，位于斯佩塞产区被誉为"达夫镇野兽"的慕赫，则是酿造工艺影响酒液风味的典型代表之一。大部分威士忌酒厂在蒸馏环节会进行两次蒸馏，而慕赫酒厂创造出特别的 2.81 蒸馏法。三对不同尺寸、形状各异的蒸馏器，让最终的酒液获得醇厚口感的同时带有一丝特别的肉质风味，赢得众多威士忌爱好者的青睐。

对于我来说，威士忌酿造工艺流程中非常神奇的一步是桶陈。作为威士忌酿造的重要环节，桶陈对于威士忌最终的风味形成有着至关重要的影响。不同橡木桶类型的运用、桶陈时间的长短、过桶时橡木桶的选择，都塑造了威士忌的不同风味与个性。同一品牌旗下发布的不同系列产品，因为桶陈过程的不同，风味会有明显差异。帝亚吉欧年度发行的 Special Releases 珍藏限量系列，堪称对橡木桶桶陈创意运用的经典示范。帝亚吉欧首席挑桶大师造访各间酒厂，凭借多年经验与高超用桶技艺，挖掘风味深度，展现出各间酒厂的风格与个性。

经常会有人问我，学习威士忌知识应该从哪里开始。我的建议是：从威士忌基础的基础、原料和工艺开始吧。

II

苏格兰
与酒厂
Scotland
&
Distilleries

苏格兰低地
斯佩塞地区
苏格兰高地
岛屿区

苏格兰低地

1 苏格兰低地

■1 **格兰昆奇酒厂**

　　苏格兰低地位于苏格兰达农（西）—邓迪（东）分界线的南部。

　　18世纪，苏格兰低地威士忌酒厂的数量开始呈现大规模地增长。一方面，发达的农业技术与良好的自然条件，使得低地的谷物产量要高于苏格兰高地；另一方面，低地地区丰厚的燃料资源与充沛的食物供应，也促进了当地经济的发展。

　　得天独厚的外部环境，促使了当地威士忌行业的商业化发展，越来越多的威士忌生产商投身其中，成为这一繁荣业态的重要助推力。时至今日，仍有六家麦芽酒厂处于运营中，为各地的威士忌爱好者生产酒体轻盈、具有开胃功能的威士忌。

格兰昆奇酒厂（GLENKINCHIE）

含义

格兰昆奇酒厂的名字源自"Glen de Quincey"，是德昆西（De Quincey）家族所拥有的一座峡谷

成立年份

1837 年

创始人

约翰·瑞特（John Rate）

地点

苏格兰低地东部的洛锡安地区（Lothian），被称为苏格兰的后花园

△ 格兰昆奇酒厂的粗麦酒蒸馏器，
体积比其他酒厂的大

历史

以种植大麦为主业的农场主约翰·瑞特，于 1825 年建立了一家名为米尔顿（Millton）的酒厂。一年后，他的兄弟乔治·瑞特（George Rate）参与经营并于 1837 年正式更名为格兰昆奇。

1880 年，爱丁堡和利斯的葡萄酒商、调配型威士忌生产商和啤酒酿造厂成立联合机构，开始以新名称格兰昆奇酒厂经营格兰昆奇。

1890 年，爱丁堡企业家詹姆斯·盖瑞（James Gray）收购酒厂，更名为格兰昆奇酒厂公司，并依照维多利亚风格进行重建。

格兰昆奇酒厂在 1914 年和 1956 年，建立了更为复杂的储存装；1972 年，酒厂更换了蒸馏器车间并安装新的加热系统。1992 年，更名为约翰·黑格，联合酿酒集团（United Distillers）旗下。

在格兰昆奇酒厂成立之时，苏格兰已经拥有 115 家威士忌生产商。然而，在第二次世界大战期间，仅有 5 家威士忌酒厂仍在经营，格兰昆奇酒厂便是其中之一。20 世纪以来，格兰昆奇酒厂在其生产工厂附近拥有 87 英亩农田，仅供自己的员工使用。

酿制流程

蒸馏器的使用是威士忌酿造过程中不可或缺的一个重要环节，对风味的最终形成也起着关键性的作用。

格兰昆奇酒厂使用 31000 升的超大壶型蒸馏器，为威士忌酒液奠定清新淡雅的风味走向。与此同时，酒厂通过采用煤炭取代泥炭烘烤麦芽，弱化了酒液的烟熏风味。由于酒厂毗邻爱丁堡，格兰昆奇单一麦芽威士忌也因此被称为爱丁堡麦芽威士忌，并且在周边地区拥有最高的销售纪录。

该酒厂从罗塞尔酒厂购买麦芽，并使用传统虫桶冷凝器蒸馏。

风味

格兰昆奇威士忌的风味柔和、干爽，略微刺口，并散发出麦芽味混合着青草味、花香味和水果味等复杂香味，而后是淡雅的香料味。

格兰昆奇 12 年威士忌酒体轻盈，带有麦芽味和青草味。该威士忌具有香甜和新鲜水果等丰富口感，并散发出淡淡的柠檬味和蜜瓜味，同时带有香料、干橡木味的韵味。

格兰昆奇

主要产品

格兰昆奇 12 年
（Glenkinchie 12YO）

格兰昆奇酒厂限定版
（Glenkinchie Distillers Edition）

斯佩塞地区

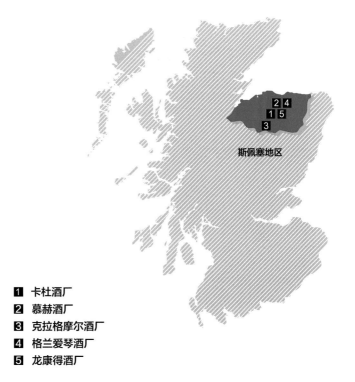

斯佩塞地区

1 卡杜酒厂
2 慕赫酒厂
3 克拉格摩尔酒厂
4 格兰爱琴酒厂
5 龙康得酒厂

　　在苏格兰威士忌的世界，斯佩塞地区永远是一张极具标志性的名片。有别于苏格兰高地的豪迈与壮阔，山川秀丽的它拥有着与众不同的婉约之美。

　　依山傍水的斯佩塞地区不仅是苏格兰威士忌最主要的威士忌生产区之一，更因为苏格兰超过一半的麦芽威士忌生产商分布于此，这里成了苏格兰威士忌生产的中心地带。到目前为止，整个斯佩塞地区正在经营的麦芽酒厂有48家，尽管某些酒厂暂时关停，但其库存的单一麦芽威士忌仍在出售中。

　　斯佩塞地区占地50平方公里，地处因弗内斯和阿伯丁之间，被苏格兰最湍急的河流——斯佩河一分为二。这里是苏格兰后花园，海拔较低，土地肥沃，气候温和，不仅造就了美丽的自然风光，更为大麦的种植创造了得天独厚的自然条件。遍布在斯佩塞地区的威士忌酒厂，也以多元的风味绽放迷人光彩。

卡杜酒厂（CARDHU）

含义

黑石

成立年份

1824 年

创始人

约翰·卡明（John Cumming）

地点

苏格兰司佩塞产区的阿奇斯敦（Archiestown）附近

历史

　　1813 年，约翰·卡明在妻子海伦（Helen）以烘焙面包为由的掩护下开始酿造威士忌，以此躲避税收官的侦查，但仍因非法生产酒精被拘捕了三次。1824 年，获得合法许可证的卡明开始在斯佩河附近的曼诺克山（Mannoch）建立了正规的酒厂。酒厂由妻子主营，并在收获季节后为农场主们提供工作。

　　1839 年到 1871 年，酒厂由卡明的儿子刘易斯·卡明（Lewis Cumming）管理，过世后又由妻子伊丽莎白·卡明（Elizabeth Cumming）接管。1884 年，伊丽莎白·卡明进行了一次重大重组，并于 1886 年将两个老旧的蒸馏器以 120 英镑出售给了格兰菲迪的创始人格兰特（Grant），从而为自己赢得了"威士忌贸易女王"的美称。重组后，酒厂的产量增加了三倍，并且随着尊尼获加销售额的飙升而得以全部售出。因此，尊尼获加于 1893 年收购了该酒厂并将其作为品牌基地。

　　时至今日，该酒厂依然是尊尼获加最重要的单一麦芽供应商。1923 年，该酒厂放弃家族企业的经营模式，转而公开上市。1925 年，尊尼获加与布坎南（Buchanan）、帝王（Dewars）合并，并入制酒有限公司（Distillers Company Limited）。

　　1960 年和 1961 年，它在原有四个蒸馏器的基础上新增两个蒸馏器，并于 1981 年更名为卡杜酒厂。1986 年，与健力士（Guinness）合并。1997 年，并入帝亚吉欧。

随着尊尼获加威士忌的日益畅销，卡杜酒厂在 20 世纪 90 年代后期暂停单一麦芽威士忌的生产，开始将其他酒厂的单一麦芽威士忌混合，以提供纯麦芽威士忌。2004 年，考虑到"纯麦芽"一词可能会使当时的消费者误解，酒厂停止了纯麦芽威士忌的生产。而威士忌行业对此引发的激烈争论，促使了 2009 年新规定的诞生——以"调配型麦芽"代替"桶式"或"纯"等字眼。

酿制流程

卡杜酒厂使用曼诺克山和莱恩河的软水以及伯格黑德的大麦。1968 年，该酒厂一直自行制造麦芽，现在则从罗塞尔酒厂采购苯酚浓度为 2 PPM 的原料。酒厂使用浑浊的麦芽汁进行发酵，发酵时长长达 75 小时，远长于其他酒厂。与此同时，酒厂采用 1885 年和 1886 年间制造的水泥虫桶冷凝器以及酿造过波本威士忌的木桶。

风味

卡杜威士忌带有浓郁的木材和烟熏味的同时，还具有清新的梨味和蜂蜜味、淡雅的麦芽味和谷物味。总体而言，卡杜威士忌散发出丰富的水果香味，风味淡雅清爽。

卡杜
主要产品
卡杜 12 年（Cardhu 12YO）
卡杜 15 年（Cardhu 15YO）
卡杜 18 年（Cardhu 18YO）

慕赫酒厂（MORTLACH）

含义

苏格兰盖尔语中意为"大山丘"

成立年份

1823 年

创始人

詹姆斯·芬德莱特（James Findlater）、唐纳德·麦金托什（Donald Mackintosh）和亚利克斯·戈登（Alex Gordon）

地点

达夫镇

历史

　　慕赫酒厂，是斯佩塞核心重镇达夫镇首家合法运营的酒厂，创立于威士忌产业臻至巅峰的 1823 年。成立至今，慕赫维持其神秘低调形象已近 200 年。成立之初，慕赫酒厂与其他酒厂殊无二致，直至 1853 年乔治·考威（George Cowie）加入其事业运营，酒厂方踏上新旅程。工程师出身的考威，在维多利亚时期工程飞跃的黄金年代躬逢其盛，他在酒厂中发挥自身的胆识、技能与决心，带着酒厂逐步前行，并通过私人客户网络，缔造了全球性的声誉。

　　1896 年，乔治之子亚历山大·考威（Alexander Cowie）也加入了运营团队，并推出了具有创新性的 2.81 蒸馏工艺，创造出今天我们所熟悉的、层次丰富醇厚的、被誉为"达夫镇野兽"的慕赫威士忌。

慕赫
主要产品
慕赫 12 年 （Mortlach 12YO）
慕赫 16 年 （Mortlach 16YO）
慕赫 18 年 （Mortlach 18YO）
慕赫 20 年 （Mortlach 20YO）

其醇厚的酒液百年来常被用于代表性的苏格兰调配型威士忌中（如尊尼获加蓝牌）。

　　慕赫隐身于威士忌主流世界背后，坚持传奇工艺，其醇厚层次风味于斯佩塞产区独树一帜，被称为"威士忌鉴赏家之间的秘密"，在藏封百年后，终掀开神秘面纱。

酿制流程

　　自 1896 年起，所有的慕赫威士忌都采用 2.81 蒸馏法酿制。这种如同科学实验般的精准感体现在慕赫的酒液流经盘互交错的铜管和复杂排列的六个蒸馏器，历经分离、再分离、混合蒸馏和再蒸馏等过程中。在历经一次又一次的提炼后，苏格兰泉水及麦芽本真之味才得以充分显现。

风味

　　慕赫威士忌个性醇厚而质朴、复杂而饱满。不依赖强烈的烟熏味却展现了丰富醇厚的风味，成为盛产花果香气风味为主的斯佩塞威士忌产区中的一大突出亮点，也为烟熏与柔顺风味的中间地带开拓了新的醇厚风味。

克拉格摩尔酒厂（CRAGGANMORE）

含义
大岩石。该酒厂附近曾有一块巨大的岩石

成立年份
1869 年

创始人
约翰·史密斯（John Smith）

地点
斯佩塞中部地区

克拉格摩尔酒厂的蒸馏器。
左边两个为粗麦酒蒸馏器，右边两个为烈酒蒸馏器

WAREHOUSE
No1

历史

格兰威特（Glenlivet）创始人的私生子约翰·史密斯凭借其在麦卡伦（Macallan）、格兰花格（Glenfarclas）和格兰威特等多家酒厂担任经理的丰富经验，成功经营了克拉格摩尔酒厂。

1886 年，他的兄弟乔治·史密斯（George Smith）收购了克拉格摩尔酒厂。1893 年，乔治·史密斯的儿子戈登·史密斯（Gordon Smith）接管该厂。戈登·史密斯还建立了苏格兰第一条私人铁路，该铁路一直使用到 20 世纪 60 年代，解决了因地理位置带来的物流困难。

1912 年，戈登·史密斯去世，他的妻子玛丽·简（Mary Jane）接手后，将酒厂出售给麦基公司，[Mackie & Co.，前身为白马酒业（White Horse）]，结束了史密斯家族的经营。

克拉格摩尔酒厂长期使用巴林达洛赫酒厂（Ballindalloch）所有的堰塞湖湖水，且从 1960 年至 1990 年，酒厂每年都会得到一只由巴林达洛赫酒厂捐赠的橡木桶。1994 年，老伯威（Old Parr）调配型威士忌生产商将其指定为品牌基地。

酿制流程

克拉格摩尔的特别之处源自麦芽桶。该酒厂共有 5 只木质麦芽桶。研磨前将麦芽装在桶中 7 天。与在金属桶中不同的是，麦芽在木桶中可以自由呼吸，从而增加麦芽的香味。

该酒厂需要一个防爆的调整装置，因为使用的是清澈的粗麦汁，发酵过程中会产生大量二氧化碳和泡沫。相反，浑浊的粗麦汁只产生少量的二氧化碳和泡沫，因此无须调整装置，并具有浓郁的坚果味。

克拉格摩尔酒厂使用烟熏味相对较淡的麦芽和浓度为 1 ~ 2 PPM 的苯酚。直至 1969 年，该酒厂一直使用燃煤进行蒸馏，现在则改用燃油。该厂还使用传统虫桶冷凝器，全苏格兰仅有 14 家酒厂仍在应用这种传统的冷却装置。

风味

克拉格摩尔威士忌散发出甜蜜花香味和草药味。这种麦芽威士忌具有较为丰富的味道，混合了淡淡的蜂蜜味和香草味，并带有香料味和烟熏味的悠长余韵。

克拉格摩尔

主要产品

克拉格摩尔 12 年
（ Cragganmore 12YO ）

克拉格摩尔酒厂限定版
（ Cragganmore Distillers Edition ）

格兰爱琴酒厂（GLEN ELGIN）

含义
小爱尔兰的峡谷

成立年份
1898 年

创始人
威廉·辛普森（William Simpson）
詹姆斯·卡尔（James Carle）

地点
斯佩塞地区

历史
　　该酒厂由詹姆斯·卡尔投资 13000 英镑创立。1902 年，被格兰威特收购。1906 年，又被约翰·J. 布兰奇（John J. Blanche）收购。1936 年,该酒厂被出售给目前的所有者兼经营者白马酒业。

格兰爱琴

主要产品

格兰爱琴 12 年
（Glen Elgin 12YO）

格兰爱琴 18 年
（Glen Elgin 18YO）

1950 年之前，酒厂的全部动力均由水力提供，并非依靠电力。1964 年，在原来两个蒸馏器的基础上新增了四个蒸馏器，并开始从外部承包商处购买麦芽。从格兰爱琴单一麦芽威士忌首次推出直到 20 世纪 60 年代，尽管相对名不见经传，但是这家传统酒厂的虫桶之间飞翔着大大小小的毛脚燕。

酿制流程

不同于其他威士忌生产商，格兰爱琴酒厂在麦芽制造过程中不使用或仅使用少量泥煤烘烤，采用自行培养发酵所用的酵母进行持续 75 小时的长时发酵，并使用虫桶冷凝器进行冷却。

风味

格兰爱琴威士忌散发出杏仁味和橙子味，水果香味与甜味不相上下，这是斯佩塞地区威士忌的特色。

∧ 装有调配 J&B Ultima 的 128 种单一麦芽和谷物威士忌的木桶

龙康得酒厂（KNOCKANDO）

含义

黑色小山

成立年份

1898 年

创始人

约翰·泰勒·汤姆森（John Tyler Thomson）

地点

斯佩塞中部地区

历史

　　龙康得酒厂在 1898 年成立之时即被格兰威特收购。1900年，其创始人约翰·泰勒·汤姆森又将其重新购回并转售给W&A 吉儿比（W&A Gilby）。1962 年，该酒厂与贾斯特里尼＆布鲁克斯（Justerini & Brooks）和国际酒厂＆葡萄酒商（International Distiller & Vintners）合并。1972 年被沃特尼·曼恩（Watney Mann）收购。同年 9 月，又被大都会（Grand Metropolitan）收购。

　　1962 年，其蒸馏器数量新增一倍。1965 年，其产品开始通过铁路运输。1968 年，作为斯佩塞地区首次使用电力的酒厂，龙康得的产量进一步提高。龙康得酒厂目前仍在使用其创始人发现的水源。

酿制流程

　　龙康得威士忌最显著的特点是其浓郁的坚果味。该酒厂通过以下三个步骤来提升威士忌的坚果味：

1/　将麦芽研磨成非常细的颗粒；

2/　一半粗麦粉发酵 48 小时，另一半粗麦粉则发酵 100 小时，然后将两种粗麦粉混合；

3/　通过缩短流程，尽可能减少粗麦酒蒸馏器蒸馏时酒精与铜的接触。使用上述方法，该酒厂生产的威士忌具有清雅的青草味、硫黄味和坚果味。

龙康得酒厂只酿造年份威士忌（或在同一季节生产的威士忌），平均产量约为 23 万瓶，每一瓶威士忌的瓶身上都拥有自己的生产年份，以此标记威士忌在橡木桶中的最佳时刻。时至今日，该酒厂仍会应美国（最大的威士忌市场）客户的要求，注明其佳酿麦芽威士忌的年份。它在装瓶时不会进行任何着色，而是让每瓶麦芽威士忌保持其原有的色泽。1985 年，该酒厂因其一贯超卓的酒质以及超过 1 亿瓶的傲人出口成绩荣获英国前首相撒切尔夫人颁发的奖项。

1994 年，该酒厂推出 J&B Ultima 限量版，以纪念苏格兰威士忌诞生 500 周年。J&B Ultima 以来自 128 家酒厂的单一麦芽威士忌和谷物威士忌调配而成，整个制作过程极为机密，其中光是收集各种威士忌酒就花费了三年时间，并且整个制作过程均为机密。

风味

龙康得威士忌酒体轻盈，散发清新的苹果味和柠檬味。其浓郁的坚果味中还夹杂着一丝奶油香味。

龙康得
主要产品
龙康得 12 年 （Knockando 12YO）
龙康得 15 年 （Knockando 15YO）
龙康得 18 年 （Knockando 18YO）
龙康得 21 年 （Knockando 21YO）

苏格兰高地

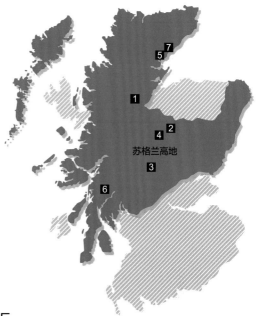

苏格兰高地

1 格兰奥德酒厂
2 皇家蓝勋酒厂
3 达尔维尼酒厂
4 布勒尔阿索酒厂
5 克里尼利基酒厂
6 欧本酒厂
7 布朗拉酒厂

　　作为面积最大的麦芽威士忌生产地区，苏格兰高地提供品种极为广泛的威士忌。大多数酒厂四周环绕着群山河谷，位于内陆地区中央高地。其中很多酒厂都建在苏格兰最长的河流——泰河河畔的肥沃土地之上。

格兰奥德酒厂（GLEN ORD）

含义

在苏格兰古语盖尔语中，"glen"和"ord"分别指"山谷"和"锤
形山"。酒厂原称为"Muir of Ord"或者"Ord"

成立年份

1838 年

创始人

托马斯·麦肯齐（Thomas Mackenzie）

地点

始建于苏格兰高地的黑岛，它坐落在曾是麦肯齐家族近 700 年所有地的岛屿之上

历史

1820 年，托马斯·麦肯齐在租用的土地上建立欧德酒厂，为当地居民提供了就业机会。1887 年，酒厂被出售给邓迪的调配型威士忌生产商詹姆斯·华生（James Watson）。一战期间，1917 年酒厂暂停经营。1923 年，约翰·杜瓦父子有限公司（John Dewar & Sons Ltd.）收购酒厂并恢复经营。二战期间再次停业，随后又重新开业。1997 年起，并入帝亚吉欧旗下。

在生产设施方面，酒厂原拥有两个燃煤蒸馏器。1966 年引进六个新开发的蒸汽加热蒸馏器。1968 年引入地板发麦制造设施，实现在平面上大规模生产麦芽，更加高效地为其下属的七家酒厂提供麦芽。1996 年，改用筒式麦芽制造设施。自成立以来，格兰奥德酒厂不断沿袭百年传承长时酵酿、缓慢蒸馏的"丰味工艺"，创制出层次丰富、圆润深厚的风味。

酿制流程

作为苏格兰最大的大麦生产区，当地拥有适宜种植大麦的温暖气候。即便是国内其他地区全部都被白雪覆盖，较高的气温也不会使该地区在冬季出现积雪，因此此地也被称为"黑岛"。当然，该地区陆地和岛屿的颜色其实并不是黑色。

格兰奥德酒厂收购当地收获的所有大麦，用于制造麦芽或出售给其他酒厂，包括泰斯卡酒厂。对麦芽使用泥炭烘烤（60 ~ 80 PPM）或者与未用泥炭烘烤的麦芽混合起来，以满足各类客户的偏好。格兰奥德酒厂生产约 37000 吨麦芽以及 3700 多万瓶威士忌。其最显著的特点是缓慢蒸馏和长时酵酿，旨在丰富威士忌的风味。

对于蒸馏，格兰奥德酒厂使用怀特·博恩（White Burn）山谷水，其中包含名为鸟之湖（Loch of the Birds）的雨水和泥炭湖（Loch of the Peats）的地下水。当地人还将"白燃烧"称为由天空和大地创造的"天地之水"。

格兰奥德酒厂坚持环保型经营，使用蒸馏冷凝器过程中产生的热水来烘干麦芽，并于 2001 年成为英国首家购入废水处理设施的酒厂。

风味

长时酵酿和缓慢蒸馏的工艺让威士忌具备了丰富的风味层次，洋溢着干果、橙皮和巧克力的深邃香气。使用存放过雪莉酒 / 波本威士忌的橡木来进行陈年，获得浓烈亦不乏雅醇的均衡风味。苏格登格兰奥德受到很多单一麦芽威士忌爱好者的喜爱，并且创造了最短时间内售出 10 万箱（1 箱 = 9 L）威士忌的纪录。苏格登格兰奥德 18 年酒液具有令人惊艳的层次感，饱含浆果甜味与馨香气息，勾勒出优雅木质香调及深色巧克力回韵。

苏格登格兰奥德

主要产品

苏格登格兰奥德 12 年
（The Singleton of Glen Ord 12YO）

苏格登格兰奥德 15 年
（The Singleton of Glen Ord 15YO）

苏格登格兰奥德 18 年
（The Singleton of Glen Ord 18YO）

苏格登达夫镇 21 年
（The Singleton of Dufftown 21YO）

苏格登达夫镇 25 年
（The Singleton of Dufftown 25YO）

皇家蓝勋酒厂（ROYAL LOCHNAGAR）

含义

喧嚣之湖

成立年份

1826 年（也有称 1824 年或 1825 年）

创始人

詹姆斯·罗伯逊（James Robertson）

地点

东部高地迪河北

历史

　　皇家蓝勋酒厂自 1826 年获得酒精生产许可证后就一直保持合法经营状态，而当时大多数酒厂还都是非法经营。当地的酒厂和农场主因此心存不满，甚至以纵火的方式来破坏皇家蓝勋酒厂的经营。1845 年，该酒厂被约翰·贝格（John Begg）

收购后，迁入如今的所在地。因此，有些人认为约翰·贝格才是其真正的创始人。1880 年，贝格的儿子亨利·法夸尔森·贝格（Henry Farquharson Begg）继承了该酒厂，并于 1902 年将酒厂更名约翰·贝格公司（John Begg & Co.）。1916 年，该酒厂被出售给约翰·杜瓦父子有限公司，现在隶属帝亚吉欧。

虽然苏格兰的威士忌酒厂数不胜数，但得到皇家认可的酒厂却屈指可数，而皇家蓝勋便是之一。1848 年，约翰·贝格听闻维多利亚女王将前往巴尔莫勒尔堡度假，于是他便邀请女王及家人到其临近的酒厂参观。尽管当时并没抱多大的期望，然而出乎他意料的是，皇室一行居然真的造访了酒厂，他们都非常欣赏贝格的威士忌并授予其皇室供货许可证，就这样，贝格的酒厂成为名称中包含"皇家"二字的三家威士忌生产商之一。皇家蓝勋酒厂一直与维多利亚女王保持着紧密关系，直至贝格于 1880 年去世。此后，酒厂依旧和国王爱德华七世和国王乔治五世都保持着友好关系。

皇家蓝勋酒厂利用酿制威士忌产生的残渣在附近的土地上饲养了数百头牛。

酿制流程

皇家蓝勋地处保护区，酒厂规模的扩大极受限制。与此同时，小蒸馏器的使用，也直接影响了威士忌酒厂的总产量。因此，皇家蓝勋酒厂是整个苏格兰地区产能最小的酒厂之一，也是在帝亚吉欧的诸多酒厂中，产出量最少的酒厂。然而，小批量的生产，也使其产品价值持续保持在上升状态。

在 1965 年以前，皇家蓝勋酒厂都坚持自行发麦。到今天，酒厂的原料则是从罗塞尔酒厂处采购。其生产的麦芽用少量泥炭进行烘烤，因此具有轻微烟熏味。70 ~ 80 个小时的缓慢发酵过程使其产生清爽的口感和淡雅的风味，并附上一丝青草香味。较快的发酵过程则可能会产生浓郁的麦芽风味或谷物香气。

风味

以淡雅清新的雪松味以及香甜醇厚的水果味为主。正因为如此，尊尼获加蓝牌威士忌和温莎 XR 威士忌选取源自皇家蓝勋酒厂的单一麦芽威士忌调配，以获取浓郁的水果香味。

皇家蓝勋

主要产品

皇家蓝勋 12 年
（Royal Lochnagar 12YO）

皇家蓝勋 17 年
（Royal Lochnagar 17YO）

皇家蓝勋酒厂限定版
（Royal Lochnagar Distillers Edition）

皇家蓝勋酒厂的蒸馏器 >

LOW WINES
STILL
CONTENTS
5450
LITRES

达尔维尼酒厂（DALWHINNIE）

含义
交会之地

成立年份
1897 年

创始人
约翰·格兰特（John Grant）、乔治·塞拉（George Sella）、
亚历山大·麦肯齐（Alexander Mackenzie）

地点
中央高地

历史
  达尔维尼酒厂原名为斯特拉斯佩酒厂（Strathspey Distillery），
成立于威士忌广为流行的 1897 年。1898 年，一个名为布莱斯

（Blyth）的人收购该酒厂当作送给儿子的礼物，并将酒厂更名为达尔维尼。1919 年，该酒厂被出售给调配型威士忌生产商詹姆斯·考尔德爵士（Lord James Calder）。

1926 年，威士忌生产商詹姆斯·布坎南收购达尔维尼酒厂。目前，该酒厂为黑白狗调配型威士忌（Black & White Blended Whisky）供应单一麦芽威士忌。

达尔维尼酒厂的一大亮点，是其在酒厂内部设立了专属的气象台，并于每日早晨 9 点开启气候实时监控。实施这一举措的原因是酒厂坐落于海拔 327 米之地，相对其他酒厂而言，较高的海拔将对威士忌酿制过程产生直接的影响。

酿制流程

达尔维尼酒厂通过使用虫桶冷凝器，以减少蒸馏过程中蒸汽与铜质表面的接触，从而形成饱满的酒体和蜂蜜香气。此风格介于低地风格与斯佩塞风格之间。达尔维尼酒厂曾考虑使用现代冷凝器替代耗水量大且产量小的虫桶冷凝器，但为了保证威士忌的风味而放弃了这一决定。

风味

最初的口感是清爽且干涩，然后是淡雅的石楠味和蜂蜜味，最后是谷物味和柑橘味的尾韵。冷藏后饮用，这种特别的风味更加显著。达尔维尼 15 年口感饱满，略带油润，充满淡雅宜人的烟熏味，并有蜂蜜、香草以及柑橘的香味，而浓郁的麦芽香味则更加凸显了烟熏风味。

达尔维尼

主要产品

达尔维尼 15 年
（Dalwhinnie 15YO）

达尔维尼酒厂限定版
（Dalwhinnie Distillers Edition）

布勒尔阿索酒厂（BLAIR ATHOL）

含义

新爱尔兰平原

成立年份

1897 年

创始人

约翰·斯特沃特（John Stweart）

罗伯特·罗伯逊（Robert Robertson）

地点

南部高地、东部高地

布勒尔阿索

主要产品

布勒尔阿索 8 年
（Blair Athol 8YO 40%, 46%）

布勒尔阿索 23 年
（Blair Athol 23YO）

布勒尔阿索花鸟系列 12 年
（Blair Athol 12YO Flora &
Fauna）

历史

在 1826 年获得酒精生产许可证前，该酒厂的名称为奥杜尔（Aldour）。后经几度转手，先后被亚历山大康纳彻公司（Alexander Connacher & Co.）、皮特弗雷泽公司（Peter Fraser & Co.）和麦肯齐公司（Mackenzie & Co.）拥有，并在 1932 年战争及经济萧条期间停运。1933 年，被著名的调配型威士忌生产商亚瑟·贝尔父子公司（Arthur Bell & Sons）收购。1949 年，以现有形式重新开业。1973 年，在已有两个蒸馏器的基础上新添两个蒸馏器，并于 1989 年与健力士合并。

酿制流程

直至 20 世纪 60 年代，该酒厂一直使用传统的地板发麦工艺制造麦芽，现在则靠格兰奥德酒厂提供所需的全部麦芽。使用未用泥煤烘烤过的麦芽，给西海岸威士忌增添了迥然相异的风味。威士忌的酒精浓度经过蒸馏后调整为 63.5% ~ 70%，然后使用酿造过波本威士忌的木桶进行桶陈。

风味

酒精、果香以及酒香达到恰如其分的平衡。麦芽未经过泥煤烘烤会加速桶陈过程，从而诞生酒体轻盈的威士忌。

克里尼利基酒厂（CLYNELISH）

含义

倾斜的花园

成立年份

1819 年

创始人

斯坦福侯爵，第一代萨瑟兰公爵

地点

北部高地

历史

　　克里尼利基酒厂的建立是为了促进当地大麦的销售。但由于非法酒厂的增加，大麦销售情况变得极为不稳定。1967 年 8 月，克里尼利基酒厂所有者以相同的名称另启一家酒厂。但酒税立法通过后，规定不同酒厂之间不得使用相同名称。因此，从 1969 年起，新酒厂继续生产克里尼利基威士忌，而老

克里尼利基酒厂则生产布朗拉威士忌（Brora，以当地城镇命名）。1983 年，老酒厂永久关闭，布朗拉单一麦芽威士忌（Brora Single Malt Whisky）的剩余存货因供应量有限，市场价值持续上升。（布朗拉酒厂已于 2021 年复厂）

离克里尼利基最近的城镇赫姆斯代尔，从 20 世纪 50 年代到 70 年代都在开采金矿，有些人便认为克里尼利基的威士忌中含有黄金，而酒厂使用的正是当地的水源。为了纪念此事，尊尼获加有时会举行淘金活动。

酿制流程

不同于其他酒厂，克里尼利基酒厂不会将蒸馏收集器中酒精残渣的油去除。这些留存的油会使威士忌产生油味和蜡味。所使用的麦芽由格兰奥德酒厂供应，老布朗拉厂使用经泥煤烘烤的麦芽，而现在的酒厂则使用未经泥煤烘烤的麦芽。但是，尽管未经泥炭烘烤，克里尼利基威士忌仍带有烟熏味，专家认为这和酿制过程中使用的水源有关，但其特殊风味形成的真正原因目前仍为一大不解之谜。

克里尼利基使用液态酵母。目前正考虑从一家酵母工厂采购，以实现生产方法现代化，并为保证质量而进行了相关研究。

风味

克里尼利基威士忌具有浓郁的油味和蜡味，带有些许水果香味，还带有一丝烟熏味。

克里尼利基

主要产品

克里尼利基 14 年
（Clynelish 14YO）

克里尼利基酒厂限定版
（Clynelish Distillers Edition）

欧本酒厂（OBAN）

含义
小海湾

成立年份
1793 年

创始人
雨果·约翰（Hugh John）、詹姆斯·史蒂文森（James Stevenson）、雨果·史蒂文森（Hugh Stevenson）和约翰·史蒂文森（John Stevenson）

地点
西部高地

历史
　　欧本酒厂坐落于美丽的欧本港口，1793 年成立时为啤酒厂，1794 年转型为威士忌酒厂。作为苏格兰年代最久的威士忌生产商之一，从成立以来，欧本酒厂周边逐渐转变成为一个镇，它也是苏格兰为数不多的、周边有大型城镇的单一麦芽威士忌酒厂，也是帝亚吉欧第二小的麦芽威士忌生产商。

欧本酒厂数次易主，包括 1898 年被格兰威特收购、1923 年与约翰·杜瓦父子有限公司合并。1972 年，新的蒸馏器车间建成。到 20 世纪 80 年代，酒厂的储存容量增加了一倍。

酿造流程

发麦，是为了让大麦中的淀粉在成为麦芽的过程中，转化为糖分。直到 1968 年，欧本威士忌酒厂始终坚持传统的地板发麦工艺，现在则由罗塞尔酒厂提供所需的全部麦芽。在将近 130 小时的超长发酵过程中，糖分提取时间就占据 48 小时，大约 80 小时则用于培育丰富威士忌的风味。威士忌生产商使用传统的虫桶冷凝器进行冷凝。

风味

欧本威士忌是苏格兰高地威士忌与西海岸威士忌风味的融合，具有干涩的烟熏味，同时附带柑橘味和蜂蜜香味。欧本 14 年威士忌具有与众不同的咸味，像是大海的味道，融合着成熟无花果和蜂蜜的香味。同时还散发出橙子和梨的香味以及浓郁的烟熏味，并带有烟熏麦芽味的悠长余韵。

欧本

主要产品

欧本 14 年（Oban 14YO）

欧本酒厂限定版
（Oban Distillers Edition）

布朗拉酒厂（BRORA）

含义

苏格兰盖尔语中意为"有桥的河"

成立年份

1819 年

创始人

斯坦福侯爵

地点

高地区

历史

　　1819 年由斯坦福侯爵创立，原名为克里尼利基酒厂，是苏格兰早期以生产麦芽威士忌为目的而建成的蒸馏厂之一。后承租给詹姆士·哈波经营，之后由安德鲁·罗斯与乔治·罗森接手管理。1896 年让售给詹姆士·安斯利公司（James Aislie & Co.）。1896 年的《哈珀周刊》曾如此报道："一座深具价值的物产，该品牌的售价，向来高于任何其他单一麦芽苏格兰威士忌。"

　　1897 年展开重建工作并引进蒸汽动力。1931 年至 1938 年，及 1941 年至 1945 年间闭厂。1961 年才开始采用燃煤式蒸馏器。1967 年至 1968 年间兴建克里尼利基新厂，旧厂正式关闭。1969 年旧厂重启，开始酿造带有重度泥煤味的"艾莱岛"单一麦芽苏格兰威士忌，作为调配型威士忌的原酒，以应对当时短缺的窘境。而后其所有公司帝亚吉欧在 1969 年将它更名为布朗拉酒厂，而克里尼利基则搬到了隔壁更新、更大的酒厂。更名后的布朗拉酒厂主要为帝亚吉欧提供烟熏风味的麦芽威士忌等产品，未曾停止酿酒。然而因为 20 世纪 80 年代苏格兰威士忌的市场低迷，最终选择暂时关闭了布朗拉酒厂，并于 1983 年正式关厂。

布朗拉

主要产品

布朗拉 20 年（Brora 20YO）

布朗拉 25 年（Brora 25YO）

布朗拉 30 年（Brora 30YO）

布朗拉 32 年（Brora 32YO）

布朗拉 35 年（Brora 35YO）

布朗拉 38 年（Brora 38YO）

布朗拉 40 年（Brora 40YO）

首度登场的布朗拉 30 年威士忌，赢得 2003 年国际葡萄酒暨烈酒大赛金牌。拥有"珍罕单一麦芽苏格兰威士忌"头衔的布朗拉 20 年威士忌，在 2004 年国际葡萄酒暨烈酒大赛中，赢得"最佳桶装原酒单一麦芽苏格兰威士忌"荣衔，于 2008 年装瓶的 25 年版本，在 2009 年旧金山世界烈酒大赛夺金。

2017 年，帝亚吉欧正式宣布布朗拉酒厂即将重启，并于 2021 年正式复产。

风味

布朗拉酒厂一直着力生产重泥煤风格的单一麦芽威士忌，而除了泥煤烟熏之外，布朗拉酒体还带有鲜明的蜡质口感。

岛屿区

1　卡尔里拉酒厂
2　乐加维林酒厂
3　泰斯卡酒厂
4　波特艾伦酒厂

　　位于岛屿区的艾莱岛，长 40 公里，最宽处 32 公里，位于北海岸向西仅 20 公里。该岛是苏格兰内赫布里底群岛最南端的岛屿。岛上满是悬崖峭壁，南端是多层泥炭和其他沉积物，北端是石楠遍野的山丘，离东部的朱拉岛仅 4.6 公里。艾莱岛有时会遭到来自大西洋的狂风侵袭，但幸运的是，这里的日照要高于平均水平。

　　艾莱岛的各家酒厂的发芽大麦来自该地区的波特艾伦制麦厂，它们每一家都有自己特定的泥煤烟熏指数和级别。与其他地区相比，艾莱岛的麦芽威士忌具有更为浓郁的海藻味、碘味似的苯酚味、烟熏味和泥煤味。这种风格最有代表性的威士忌是卡尔里拉和乐加维林，一两滴即可为调配型威士忌增添特别的风味和口感。

卡尔里拉酒厂（CAOL ILA）

含义
艾莱岛之声，位于艾莱岛与朱拉岛之间

成立年份
1846 年

创始人
赫克托·亨德森（Hector Henderson）

地点
艾莱岛北部海岸阿斯克港附近的海湾

历史
卡尔里拉酒厂的发展并非一帆风顺，受到了一战和二战的影响。1854 年，卡尔里拉酒厂迫于经营压力出售给了朱拉岛酒厂拥有者诺曼·布坎南（Norman Buchanan）。1863 年，又被格拉斯哥的威士忌商布洛克·莱德公司（Bulloch Lade & Co.）收购。酒厂在 19 世纪 80 年代时极受欢迎，每年产量能达到 55 万升。

1920 年，受一战和经济大萧条的影响，该酒厂申请破产，之后由企业家联合重建，更名为卡尔里拉蒸馏酒业有限公司（Caol Ila Distillery Co. Ltd.）。1930 年恢复经营权，再次更名为苏格兰麦芽酒厂。

1942 年至 1945 年，二战导致大麦供应中停，该酒厂暂停经营。在战后，卡尔里拉酒厂又重新恢复了生产。1972 年至 1974 年，酒厂抓住了一次重大的工厂扩建机遇，从而成为艾莱岛产量最大的酒厂。

卡尔里拉

主要产品

卡尔里拉 12 年
（Caol Ila 12YO）

卡尔里拉 18 年
（Caol Ila 18YO）

卡尔里拉酒厂限量版
（Caol Ila Distillers Edition）

酿造流程

　　卡尔里拉酒厂的威士忌具有特别的风味，因为其使用了南姆班湖（Nam Ban）中含有泥煤的软水。麦芽由波特艾伦酒厂供应，在 6 万升容器内经历大约 80 小时的发酵。1974 年，该酒厂进行扩张并更换了蒸馏器，并将虫桶冷凝器替换为现代柱状直立式冷凝器。

风味

　　卡尔里拉威士忌具有浓郁的烟熏风味，并带有些许麦芽味、绿橄榄味、烟熏三文鱼味和烟熏培根味。

乐加维林酒厂（LAGAVULIN）

含义

山谷里的工厂

成立年份

1816 年

创始人

约翰·约翰斯顿（John Johnston），拉弗格（Laphroaig）酒厂
创始人的父亲

地点

艾莱岛南海岸

历史

乐加维林酒厂与北爱尔兰隔海相望。1742 年，该酒厂以拉根·姆胡林（Laggan Mhouillin）之名开始非法酒精生产，所有者为安格斯·约翰斯顿（Angus Johnston）。1816 年，其儿子约翰·约翰斯顿获得酒精生产许可。1837 年，约翰·约翰斯顿的儿子唐纳德·约翰斯顿（Donald Johnson）继承了此间酒厂，随后于 1851 年出售给约翰·格雷厄姆（John C. Graham）。第二年起，该酒厂改由沃尔特·格雷厄姆（Walter Graham）运营。

1860 年和 1867 年，该酒厂先后被詹姆斯·洛根·麦基公司（Jame Logan Mackie）和麦基公司收购。1878 年，白马的创始人彼得·麦基（Peter Mackie）接管该酒厂。后因其杰出的企业家精神，被授予骑士头衔，他的绰号为"永不停歇的彼得"。1924 年，乐加维林酒厂开始提供白马调配型威士忌的主要原料单一麦芽，并更名为白马酒业公司。

酿造流程

泥煤是乐加维林最重要的原料，该酒厂使用含有 30 ~ 40 PPM 泥炭的麦芽，而其他酒厂使用的仅为 2 PPM。

风味

乐加维林是一款风味强劲的威士忌，也是烟熏味最浓烈的威士忌之一。浓烈的烟熏味同海草的咸味及甜味达到了绝妙平衡。

乐加维林 16 年具有极其浓烈的碘酒味、海草味以及烟熏味。它散发干涩、香甜的水果味以及麦芽香味，之后便是咸味、甜味和香料味交织的复杂回韵。

乐加维林酒厂的发酵桶，装有马达进行气体排放 ＞

乐加维林

主要产品

乐加维林 8 年
（Lagavulin 8YO）

乐加维林 16 年
（Lagavulin 16YO）

乐加维林酒厂限定版
（Lagavulin Distillers Edition）

泰斯卡酒厂（TALISKER）

含义

倾斜的岩石

成立年份

1830 年

创始人

休（Hugh）与肯尼斯·麦卡斯基尔（Kenneth MacAskill）

地点

斯凯岛

历史

　　泰斯卡酒厂成立于 1830 年，1823 年刚修订了酒精税法，合法酒厂日益增多。目前泰斯卡已被称为斯凯岛最古老的酒厂，著名苏格兰诗人兼小说家罗伯特·路易斯·斯蒂文森（Robert Louis Stevenson）在作品《苏格兰人的归来》中将其出产的威士忌称为"酒中之王"。

　　1848 年，该酒厂为北爱尔兰银行所有。1857 年至 1863 年，酒厂由创始人的女婿唐纳德·麦克伦南（Donald MacLennan）负责经营。但由于经营不善，该酒厂在 1864 年至 1865 年被法庭扣押，后被出售给格拉斯哥的销售代理。

　　斯凯岛地区最多时有 7 家酒厂，但除了泰斯卡外，其他酒厂都被迫停止经营，这是因为它们离大陆地区路途遥远而导致了高昂物流成本。泰斯卡的幸存表明其在产品质量和风味方面具有竞争优势。

　　泰斯卡一年可提供 10 万多箱（1 箱 = 9 L）威士忌，如此庞大的产量让其成为位居前十的麦芽威士忌生产商。

酿造流程

泰斯卡酒厂曾多次改变麦芽汁的蒸馏方式，1928 年，受爱尔兰酒厂工艺的影响，泰斯卡酒厂将麦芽汁蒸馏次数改为三次，但不久又按苏格兰的传统改回两次。但回流过程就相当于另一次蒸馏，产生的效果也与三次蒸馏毫无差异。它拥有两个粗麦酒蒸馏器和三个烈酒蒸馏器，这是它与其他威士忌生产商的不同之处。

考虑到利用外部供应商可以提高效率和所需的麦芽质量及一致性，1970 年后，泰斯卡酒厂便从自行制造麦芽转变为从格兰奥德酒厂购买原料。

该酒厂使用传统虫桶冷凝器，这样可以为酒精增加硫黄味，减少与铜表面的接触。另外，由于虫桶冷凝器需要 8 ~ 9 升的冷却水，当夏季水需求超过供应时，酒厂会暂时关闭进行维修工作。

风味

艾莱岛威士忌具有无可比拟的浓烈烟熏味，但泰斯卡威士忌的烟熏味较淡，夹杂着些许橙子和其他水果的香味。这样的风味源自艾莱岛和斯佩塞地区特征之间的微妙平衡。

泰斯卡 25 年和泰斯卡 30 年具有更浓郁的橡木味和烟熏味，受到众多威士忌专家的好评，并且每年都作为特别款推出。

泰斯卡酒厂的威士忌窖藏 ＞

泰斯卡
主要产品
泰斯卡 10 年（Talisker 10YO）
泰斯卡 18 年（Talisker 18YO）
泰斯卡 25 年（Talisker 25YO）
泰斯卡风暴（Talisker Storm）
泰斯卡斯凯岛 （Talisker Skye）
泰斯卡酒厂限定版 （Talisker Distillers Edition）

波特艾伦酒厂（PORT ELLEN）

成立年份

1825 年

创始人

约翰·拉姆塞

地点

艾莱岛

历史

　　1825 年，波特艾伦酒厂成立于著名的艾莱岛南岸地区，最初为一座麦芽酒厂。1833 年至 1892 年间，在约翰·拉姆塞主导下，它发展为一间大型制酒厂。当年即与北美地区直接建立贸易关系。1848 年，拉姆塞成功捍卫了用较大木桶出口威士忌并在保税仓存放的权利，这一权利体系延续至今。

　　它所兴建的库房依然存在，现已成为受保护的著名历史建筑。

　　20 世纪 20 年代，威士忌全球性需求骤减，波特艾伦不得不停业 38 年。1967 年，波特艾伦重新运转。1983 年，二次停产。波特艾伦的名字，是 20 世纪威士忌行业繁荣与萧条的折射。它一波三折的命运，独领风骚的口味，不仅在威士忌的史册上留下了浓墨重彩的一笔，也定义了一个时代的烟熏传奇。威士忌爱家俱乐部网站创始人道格·斯通（Doug Stone）在其网站中的波特艾伦酒厂介绍里总结：狂放的自然环境与细腻的传统手作匠艺造就了遗世独立的波特艾伦，也定格着 20 世纪 60 年代至 80 年代的烟熏风格，成为历史中难以磨灭的注脚。

LOW ROBERTSON & CO LTD
1978
PORT ELLEN
ISLAY
7648
54
REFILL
LOW ROBERTSON & CO LTD
1978
PORT ELLEN
ISLAY
7661
54
REFILL
LOW ROBERTSON & CO LTD
1978
PORT ELLEN
ISLAY
7645
54 1/4
LOW ROBERTSON & CO LTD
1978
PORT ELLEN
ISLAY
7638
53 1/2
REFILL

波特艾伦

主要产品

波特艾伦帝亚吉欧珍藏限量
系列 2001—2017
（Port Ellen Diageo Special
Releases Collection 2001—
2017）

波特艾伦 39 年
（Port Ellen 39YO）

波特艾伦 40 年
（Port Ellen 40YO）

2017 年威士忌成就奖（Icons of Whisky）获得者、全球威士忌著名藏家组织"麦芽狂人"主要成员劳伦斯·格雷厄姆（Lawrence Graham），曾在威士忌情报网写道："如果说有一家酒厂能唤起威士忌爱家心中强烈的感情，这家酒厂只能是波特艾伦。"

自 2001 年起，波特艾伦通过享有盛誉的帝亚吉欧珍藏限量系列释出少数珍稀限量酒款，在业内广受赞誉。

2017 年，帝亚吉欧宣布波特艾伦重启，成为业界重磅新闻。

风味

醇厚的烟熏风味，裹挟着艾莱岛海风，酒液口感油润，香气馥郁。层次丰富、平衡、深邃而典雅。

帝亚吉欧花鸟系列

    "花鸟系列"最初由帝亚吉欧前身——英国联合酿酒集团于1991年推出,英国著名威士忌大师迈克尔·杰克逊(Michael Jackson)因对该系列喜爱有加,特别称其为"Flora & Fauna Collection",在亚洲地区被广泛译为"花鸟系列",并被业界威士忌爱好者所熟记。

    该系列选取酒厂周边环境中特有的花草与飞禽元素,作为特殊标志融入酒标设计。由于发布时间不规律且数量极为有限,"花鸟系列"在威士忌市场上一直是呼声高涨但珍贵难觅的神秘产品。

　　"花鸟系列"选取的酒厂，所酿制的威士忌酒液大部分都作为基酒提供给旗下调配型威士忌品牌，极少出产自有品牌的单一麦芽威士忌。这些麦芽威士忌酒厂仅释出少量佳酿装瓶，作为酒厂员工福利，以及在游客中心出售，因而被赋予了特别的纪念意义。

　　"花鸟系列"选取的品牌及酒厂，包含奥斯鲁斯克、班凌斯、布勒尔阿索、大昀、格兰洛希、格兰司佩、英志高尔、林可伍德、曼洛克摩尔、史特斯密尔、第林可等。

"花鸟系列"系列酒厂代表：

■ 奥斯鲁斯克（AUCHROISK）

建立于 1974 年，酒厂位于斯佩塞河畔产区的一处峡谷之上。1986 年起以苏格登之名在市场推出，直至 2001 年，酒厂才改名为奥斯鲁斯克并开始推出香甜清新风味的威士忌。酒厂名字源自盖尔语，意为"红色溪流的浅滩"，因其带有烟熏和榛果的香甜风味及顺滑轻盈的口感而深受欢迎。

■ 班凌斯（BENRINNES）

建立于 1826 年，酒厂位于斯佩塞地区高于海平面 700 英尺（约 213 米）的高山、班凌斯山脉北部山肩，故以当地的著名地标班凌斯山命名。以班凌斯山水质酿造出的威士忌酒体厚实，以浓郁的奶油甜味著名，当中交织着淡淡果香味和少许辛香风味、烟熏味及木质风味，呈现出复杂纷繁的风味层次。

■ 布勒尔阿索（BLAIR ATHOL）

建立于 1798 年，酒厂位于苏格兰高地珀斯郡（Perthshire）富含泥煤元素的沼泽地之上，是苏格兰古老的蒸馏酒厂之一。布勒尔阿索酒厂出产的酒液拥有柔和深沉的香气、馥郁浓郁的水果风味和柔顺的余韵。

■ 大昀（DAILUAINE）

建立于 1853 年，大昀酒厂依山傍水，酒厂名源自盖尔语，意为"翠谷"。其出产的单一麦芽苏格兰威士忌，正是源于这片露水润泽的青翠之地。同时也是尊尼获加最重要的基酒之一。大昀威士忌具有饱满的水果香气和烟熏味的余韵，是受威士忌爱好者追捧的逸品。

■ 格兰洛希（GLENLOSSIE）

建立于 1876 年，由约翰·达夫（John Duff）创立于离埃尔金镇 4 公里以外的莫里郡，是曼洛克摩尔酒厂的姐妹酒厂，一直到 2007 年两家酒厂才分开营业。以较慢的速度蒸馏出更清新细致的原酒，其酿造工艺使酒厂出产的单一麦芽威士忌酒体轻盈、清新，具有青草香气和顺滑且香气萦绕的风味。

■ **格兰司佩（GLEN SPEY）**

建立于 1878 年，坐落在罗斯镇（Rothes）附近的一座山脚下，酒厂周围生活着英国最小的鸟类——戴菊莺，因此它也被融入酒瓶酒标的设计中。由多尼泉（Doonie Burn）流淌而出的纯净水源经过酒厂特别的酿造工艺，造就顺滑轻盈、细腻柔和的威士忌，带有些许烤木炭的香气。

■ **英志高尔（INCHGOWER）**

建立于 1824 年，前身为托青尼尔（Tochieneal）酒厂，由亚历山大·威尔逊（Alexander Wilson）创建。酒厂历经迁厂、更名等变迁运营至今。酒厂出产的单一麦芽威士忌是斯佩塞地区中最具特点的威士忌之一。酒体同时拥有斯佩塞的花香味、海洋的咸味与泥煤烟熏味，繁复华丽。

■ **林可伍德（LINKWOOD）**

建立于 1821 年，酒厂位于斯佩塞地区，坐落于洛西河畔，毗邻埃尔金地区，像是一位被包围在苏格兰森林田园生活中的田园诗人。自 1821 年以来，酒厂一直保留其传统酿造风格。严谨的酿造工艺和标准使其酒体充盈着一些甜味和些许烟熏香气的混合风味。

■ **曼洛克摩尔（MANNOCHMORE）**

建立于 1971 年，酒厂坐落在斯佩塞地区，埃尔金镇的南部，周围环绕的森林生活着很多鸟类，因此酒标上也有一只斑点啄木鸟。曼洛克摩尔是一个近代威士忌蒸馏厂，由约翰·黑格有限公司（John Haig & Co.）成立。出产的单一麦芽威士忌酒体轻盈淡雅，风味多为水果香气。

■ **史特斯密尔（STRATHMILL）**

建立于 1823 年，前身为一家面粉厂，于 1891 年改建为威士忌酒厂。冷凝水源取自酒厂附近的伊斯拉河。1895 年酒厂正式更名史特斯密尔，1968 年酒厂扩建至两座蒸馏器。酒体颜色呈深琥珀色，风味富有奶油般绵密的甜味，带有些许涩口的回味和巧克力味的回甘。

■ **第林可（TEANINICH）**

建立于 1817 年，盖尔语意为"沼泽中的房子"。第林可酒厂由阿尔内斯当地的第林可实业公司拥有者——休·门诺上尉所创。酒厂命运多舛，历经二度关厂后重新开启。酒液整体干净利落，带有水果香气，呈现复杂的风味层次。

品牌大使说
Brand Ambassador Talk ╱

王川（Dio Wang）

　　高地、低地、斯佩塞、岛屿，广袤的苏格兰在威士忌的世界里被划分为四大产区，每一个产区都是威士忌爱好者心中的"圣地"。在我加入帝亚吉欧集团担任品牌大使实地探访苏格兰酒厂后，我才真正感受到苏格兰威士忌的魅力。那些坐落于苏格兰山林、河谷、岛屿上的不同酒厂，低调却熠熠生辉。

　　帝亚吉欧集团旗下的 47 间酒厂横跨苏格兰四大产区，高地的格兰奥德，低地的格兰昆奇，斯佩塞的慕赫，岛屿区的泰斯卡，每一个产区都有业内备受好评的酒厂，推出了种类繁多的威士忌产品，让威士忌爱好者有机会探索威士忌的丰富风味。就我个人而言，我非常推崇格兰奥德酒厂，它是苏格兰古老的酒厂之一。格兰奥德的特别之处在于酒厂长期秉承的"丰味工艺"，在酿造过程中，以慢糖化、慢酵酿、慢蒸馏成就酒液圆润而丰富的特质。

　　行走在酒厂高大的蒸馏器间，与酒厂工作人员进行深入交谈，听他们讲述酒厂的历史与传承，那些瞬间，我至今难以忘怀。未来，也希望能探访更多的酒厂，为中国的威士忌爱好者分享更多酒厂故事与风采。

方涵（Han Fang）

作为一名每天都在与威士忌打交道的品牌大使，通过威士忌我结识了很多苏格兰威士忌同好。无论是在品鉴会上，还是在威士忌学苑的体验活动中，当与他们谈起威士忌时，我发现除了对工艺和风味兴趣浓厚之外，他们对制造威士忌背后的"人"也十分好奇。

其实，与威士忌接触越深，我对威士忌背后的"人"也越来越敬佩。他们日复一日地在自己的工作岗位上，为苏格兰威士忌行业做出诸多贡献。比如获得英国女王授予大英帝国勋章（OBE）的前尊尼获加首席调配大师吉姆·贝弗里奇博士，在帝亚吉欧服务超过 40 年，他长年对威士忌酿造工艺和技术潜心研究，让尊尼获加以其标志性风味风靡全球。再如苏格登的首席调配大师莫琳·罗宾逊（Maureen Robinson），作为业界最早一批女性调配大师，在一定程度上打破了行业的规则，其天赋与实力，让苏格登这个品牌在亚洲地区也收获了众多粉丝。

在苏格兰威士忌产业内，"人"不仅仅只是大家耳熟能详的大师们，参与酿造工艺每一个环节的人，比如制桶师、制麦师、蒸馏师，甚至是在艾莱岛挖泥煤的工人，都缺一不可。今天，我们能与这么多美妙的威士忌相遇，需要感谢这些背后默默付出的"人们"。

单一麦芽威士忌风味图

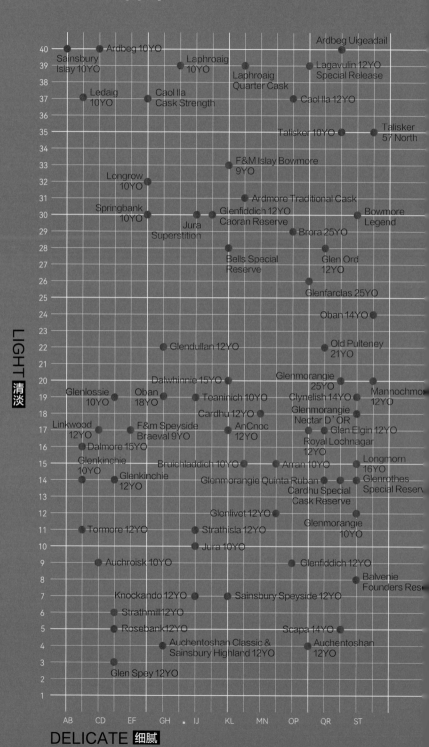

LIGHT 清淡

40 Ardbeg 10YO — Ardbeg Uigeadail
Sainsbury Islay 10YO
39 Laphroaig 10YO — Lagavulin 12YO Special Release
38
Laphroaig Quarter Cask
37 Ledaig 10YO — Caol Ila Cask Strength — Caol Ila 12YO
36
35 Talisker 10YO — Talisker 57 North
34
33 F&M Islay Bowmore 9YO
32 Longrow 10YO
31 Ardmore Traditional Cask
30 Springbank 10YO — Glenfiddich 12YO Caoran Reserve — Bowmore Legend
29 Jura Superstition — Brora 25YO
28 Bells Special Reserve — Glen Ord 12YO
27
26 Glenfarclas 25YO
25
24 Oban 14YO
23
22 Glendullan 12YO — Old Pulteney 21YO
21
20 Dalwhinnie 15YO — Glenmorangie 25YO — Mannochmore 12YO
19 Glenlossie 10YO — Oban 18YO — Teaninich 10YO — Clynelish 14YO
18 Cardhu 12YO — Glenmorangie Nectar D'OR
17 Linkwood 12YO — F&m Speyside Braeval 9YO — AnCnoc 12YO — Glen Elgin 12YO
16 Dalmore 15YO — Royal Lochnagar 12YO
15 Glenkinchie 10YO — Bruichladdich 10YO — Arran 10YO — Longmorn 16YO
14 Glenkinchie 12YO — Glenmorangie Quinta Ruban — Glenrothes Special Reserve
13 Cardhu Special Cask Reserve
12 Glenlivet 12YO — Glenmorangie 10YO
11 Tormore 12YO — Strathisla 12YO
10 Jura 10YO
9 Auchroisk 10YO — Glenfiddich 12YO
8 Balvenie Founders Res
7 Knockando 12YO — Sainsbury Speyside 12YO
6 Strathmill 12YO
5 Rosebank 12YO — Scapa 14YO
4 Auchentoshan Classic & Sainsbury Highland 12YO — Auchentoshan 12YO
3 Glen Spey 12YO
2
1

AB CD EF GH IJ KL MN OP QR ST

DELICATE 细腻

SMOKY 烟熏

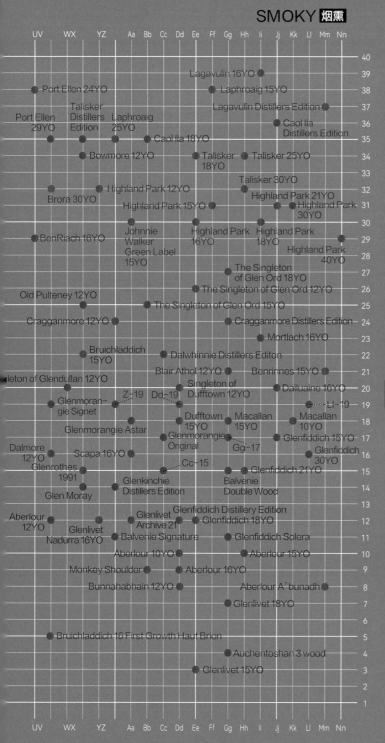

| | UV | WX | YZ | Aa | Bb | Cc | Dd | Ee | Ff | Gg | Hh | Ii | Jj | Kk | Ll | Mm | Nn |

RICH 浓郁

- Z-19
  Clynelish Distillers Edition
- Cc-15
  Glengoyne 10YO
  & Glenmorangie La Santa
- Dd-19
  Glenmorangie 18YO
- Gg-17
  Macallan 15yo old Fine Oak
  & Balvenie Port 21YO
- LI-19
  Macallan 18YO
  Glenfarclas 21YO

Port Ellen 24YO
Port Ellen 29YO
Talisker Distillers Edition
Laphroaig 25YO
Caol Ila 18YO
Bowmore 12YO
Lagavulin 16YO
Laphroaig 15YO
Lagavulin Distillers Edition
Caol Ila Distillers Edition
Talisker 18YO
Talisker 25YO
Talisker 30YO
Brora 30YO
Highland Park 12YO
Highland Park 15YO
Highland Park 21YO
Highland Park 30YO
BenRiach 16YO
Johnnie Walker Green Label 15YO
Highland Park 16YO
Highland Park 18YO
Highland Park 40YO
Old Pulteney 12YO
The Singleton of Glen Ord 18YO
The Singleton of Glen Ord 12YO
The Singleton of Glen Ord 15YO
Cragganmore 12YO
Cragganmore Distillers Edition
Mortlach 16YO
Bruichladdich 15YO
Dalwhinnie Distillers Editon
leton of Glendullan 12YO
Blair Athol 12YO
Benrinnes 15YO
Singleton of Dufftown 12YO
Dailuaine 16YO
Glenmorangie Signet
Glenmorangie Astar
Dufftown 15YO
Macallan 15YO
Macallan 10YO
Glenmorangie Original
Glenfiddich 15YO
Glenfiddich 30YO
Dalmore 12YO
Scapa 16YO
Glenrothes 1991
Glenfiddich 21YO
Glenkinchie Distillers Edition
Balvenie Double Wood
Glen Moray
Aberlour 12YO
Glenlivet Archive 21
Glenfiddich Distillery Edition
Glenfiddich 18YO
Glenlivet Nadurra 16YO
Balvenie Signature
Glenfiddich Solera
Aberlour 10YO
Aberlour 15YO
Monkey Shoulder
Aberlour 16YO
Bunnahabhain 12YO
Aberlour A'bunadh
Glenlivet 18YO
Bruichladdich 16 First Growth Haut Brion
Auchentoshan 3 wood
Glenlivet 15YO

单一麦芽威士忌风味图

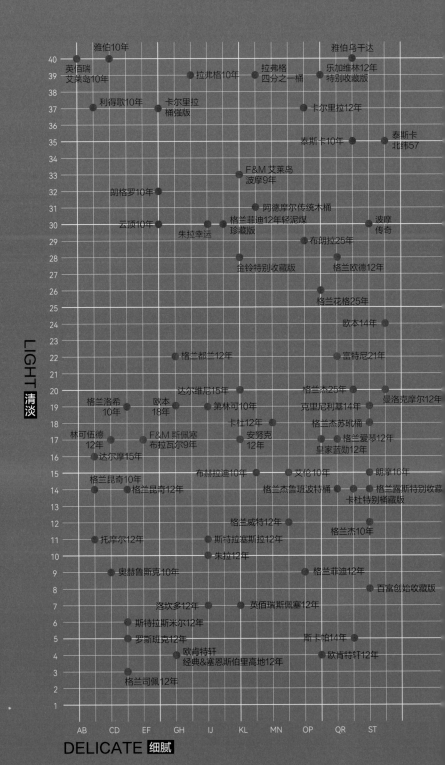

SMOKY 烟熏

RICH 浓郁

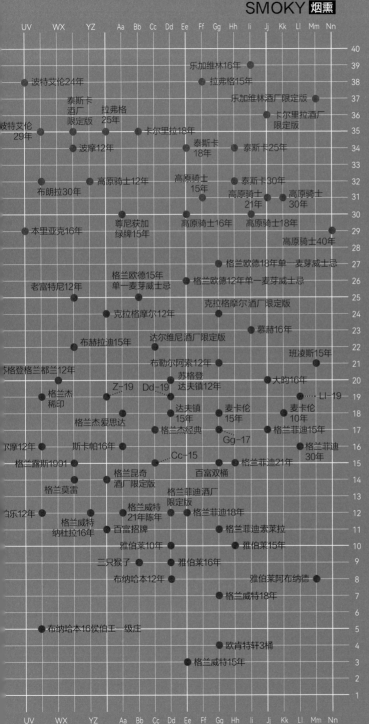

UV　WX　YZ　Aa　Bb　Cc　Dd　Ee　Ff　Gg　Hh　Ii　Jj　Kk　Ll　Mm　Nn

乐加维林16年
波特艾伦24年
拉弗格15年
泰斯卡酒厂限定版　拉弗格25年
乐加维林酒厂限定版
波特艾伦29年
卡尔里拉18年　卡尔里拉酒厂限定版
波摩12年　泰斯卡18年　泰斯卡25年
布朗拉30年　高原骑士12年　高原骑士15年　泰斯卡30年
高原骑士21年　高原骑士30年
本里亚克16年　尊尼获加绿牌15年　高原骑士16年　高原骑士18年
高原骑士40年
格兰欧德18年单一麦芽威士忌
老富特尼12年　格兰欧德15年单一麦芽威士忌　格兰欧德12年单一麦芽威士忌
克拉格摩尔酒厂限定版
克拉格摩尔12年　慕赫16年
布赫拉迪15年　达尔维尼酒厂限定版　班凌斯15年
布勒尔阿索12年
格登格兰都兰12年　苏格登达夫镇12年
格兰杰稀印　Z-19　Dd-19　大昀16年　Ll-19
达夫镇15年　麦卡伦15年　麦卡伦10年
格兰杰爱思达　格兰杰经典　格兰菲迪15年
Gg-17　格兰菲迪30年
尔摩12年　斯卡帕16年　Cc-15
格兰露斯1991　格兰菲迪21年
格兰昆奇酒厂限定版　百富双桶
格兰莫雷　格兰菲迪酒厂限定版
乐12年　格兰威特21年陈年　格兰菲迪18年
格兰威特纳杜拉16年　百富招牌　格兰菲迪索莱拉
雅伯莱10年　雅伯莱15年
三只猴子　雅伯莱16年
布纳哈本12年　雅伯莱阿布纳德
格兰威特18年
布纳哈本16侯伯王一级庄
欧肯特轩3桶
格兰威特15年

40　39　38　37　36　35　34　33　32　31　30　29　28　27　26　25　24　23　22　21　20　19　18　17　16　15　14　13　12　11　10　9　8　7　6　5　4　3　2　1

● Z-19
克里尼利基酒厂限定版

● Cc-15
格兰哥尼10年＆格兰杰雪莉桶

● Dd-19
格兰杰18年

● Gg-17
麦卡伦15年陈年橡木＆百富波特21年

● Ll-19
麦卡伦18年格兰花格21年

运营酒厂

名称	成立年份	地区	所有者
艾柏迪（Aberfeldy）	1896	南部高地	百加得（Bacardi）
雅伯莱（Aberlour）	1826	斯佩塞地区	保乐力加（Pernod Ricard）
红河（Abhainn Dearg）	2009	岛屿区	马克·泰伯恩（Mark Tayburn）
艾沙贝（Ailsa Bay）	2007	苏格兰低地	威廉·格兰特父子公司（William Grant & Sons）
欧特班（Allt-A-Bhainne）	1975	斯佩塞地区	保乐力加（Pernod Ricard）
安南代尔（Annandale）	2014	苏格兰低地	大卫·汤姆森（David Thomson）
阿尔比凯（Arbikie）	2014	东部高地	斯特林家族（The Stirling family）
阿贝（Ardbeg）	1815	艾莱岛（岛屿区）	酩悦·轩尼诗（Moët Hennessy）
阿德莫尔（Ardmore）	1898	斯佩塞地区	富俊集团（Fortune Brands）
阿德纳霍（Ardnahoe）	2018	艾莱岛（岛屿区）	亨特莱恩公司（Hunter Laing & Co. Ltd）
艾德麦康（Ardnamurchan）	2014	西部高地	阿德菲（Adelphi）
阿德罗斯（Ardross）	2018	北部高地	格林伍德酒厂（Greenwood Distillers）
艾伦（Arran）	1993	岛屿区	艾伦岛酒厂（Isle of Arran Distillers）
欧肯特轩（Auchentoshan）	1823	苏格兰低地	三得利（Suntory）
奥赫鲁斯克（Auchroisk）	1974	斯佩塞地区	帝亚吉欧（Diageo）
欧摩（Aultmore）	1896	斯佩塞地区	百加得（Bacardi）
巴布莱尔（Balblair）	1790	北部高地	太平洋烈酒公司（Pacific Spirits）
巴林达洛赫（Ballindalloch）	2015	斯佩塞地区	巴林达洛赫酿酒厂有限责任公司（Ballindalloch Distillery LLP）
巴门纳克（Balmenach）	1824	斯佩塞地区	太平洋烈酒公司（Pacific Spirits）
百富（Balvenie）	1892	斯佩塞地区	威廉·格兰特父子公司（William Grant & Sons）
本尼维斯（Ben Nevis）	1825	西部高地	尼卡（Nikka）
本利亚克（BenRiach）	1898	斯佩塞地区	比利·沃克等人（Billy Walker & others）
班凌斯（Benrinnes）	1835	斯佩塞地区	帝亚吉欧（Diageo）

名称	成立年份	地区	所有者
本诺曼克（Benromach）	1898	斯佩塞地区	戈登 & 麦克菲尔（Gordon & MacPhail）
磐火（Bladnoch）	1825	苏格兰低地	雷蒙德·阿姆斯特朗（Raymond Armstrong）
布勒尔阿索（Blair Athol）	1798	南部高地	帝亚吉欧（Diageo）
波摩（Bowmore）	1779	艾莱岛（岛屿区）	三得利（Suntory）
布拉弗（Braeval）	1974	斯佩塞地区	保乐力加（Pernod Ricard）
布赫拉迪（Bruichladdich）	1881	艾莱岛（岛屿区）	人头马君度集团（Rémy Cointreau Group）
布纳哈本（Bunnahabhain）	1883	艾莱岛（岛屿区）	CL 金融（CL Financial）
伯恩布雷（Burnbrae）	2018	苏格兰低地	坎贝尔·麦耶公司（Campbell Meyer and Co.）
卡尔里拉（Caol Ila）	1846	艾莱岛（岛屿区）	帝亚吉欧（Diageo）
卡杜（Cardhu）	1824	斯佩塞地区	帝亚吉欧（Diageo）
克莱德赛德（Clydeside）	2017	苏格兰低地	莫里森格拉斯哥蒸馏公司（Morrison Glasgow Distillers）
克里尼利基（Clynelish）	1819	北部高地	帝亚吉欧（Diageo）
克拉格摩尔（Cragganmore）	1869	斯佩塞地区	帝亚吉欧（Diageo）
克莱嘉赫（Craigellachie）	1891	斯佩塞地区	百加得（Bacardi）
达夫米尔（Daftmill）	2005	东部高地	弗朗西斯 & 伊恩库斯伯特（Francis & Ian Cuthbert）
大昀（Dailuaine）	1852	斯佩塞地区	帝亚吉欧（Diageo）
达尔摩（Dalmore）	1839	北部高地	联合酒业（United Spirits）
达尔蒙赫（Dalmunach）	2015	斯佩塞地区	保乐力加（Pernod Ricard）
达尔维尼（Dalwhinnie）	1897	西部高地	帝亚吉欧（Diageo）
汀斯顿（Deanston）	1965	南部高地	CL 金融（CL Financial）
多诺赫（Dornoch）	2017	北部高地	多诺赫酒厂公司（Dornoch Distillery Company）
达夫镇（Dufftown）	1896	斯佩塞地区	帝亚吉欧（Diageo）
埃德拉多尔（Edradour）	1837	南部高地	圣弗力（Signatory Vintage SWC Ltd.）

名称	成立年份	地区	所有者
费特凯恩（Fettercairn）	1824	东部高地	联合酒业（United Spirits）
格拉斯哥（Glasgow DC）	2015	南部高地	格拉斯哥蒸馏公司 （The Glasgow Distillery Co. Ltd.）
格兰爱琴（Glen Elgin）	1898	斯佩塞地区	帝亚吉欧（Diageo）
格兰盖瑞（Glen Garioch）	1797	东部高地	三得利（Suntory）
格兰冠（Glen Grant）	1840	斯佩塞地区	金巴利（Campari）
格兰莫雷（Glen Moray）	1897	斯佩塞地区	拉马蒂尼奎斯（La Martiniquaise）
格兰奥德（Glen Ord）	1838	北部高地	帝亚吉欧（Diageo）
格兰帝（Glen Scotia）	1832	坎贝尔镇	格伦卡特林保税仓库有限公司 （Glen Catrine Bonded Warehouse Ltd.）
格兰司佩（Glen Spey）	1878	斯佩塞地区	帝亚吉欧（Diageo）
格兰纳里奇（Glenallachie）	1967	斯佩塞地区	保乐力加（Pernod Ricard）
格兰柏奇（Glenburgie）	1829	斯佩塞地区	保乐力加（Pernod Ricard）
格兰凯德姆（Glencadam）	1825	东部高地	安格斯·邓迪蒸馏公司 （Angus Dundee Distillers）
格兰多纳（Glendronach）	1826	斯佩塞地区	比利·沃克等人（Billy Walker & others）
格兰都兰（Glendullan）	1897	斯佩塞地区	帝亚吉欧（Diageo）
格兰花格（Glenfarclas）	1836	斯佩塞地区	J.&G. 格兰特（J.&G. Grant）
格兰菲迪（Glenfiddich）	1886	斯佩塞地区	威廉·格兰特父子公司 （William Grant & Sons）
格兰格拉索（Glenglassaugh）	1875	斯佩塞地区	格兰格拉索蒸馏公司 （Glenglassaugh Distillery Company）
格兰哥尼（Glengoyne）	1833	西部高地	伊恩·麦克劳德酒厂（Ian Macleod Distillers）
格兰盖尔（Glengyle）	2004	坎贝尔镇	J.&A. 米切尔（J.&A. Mitchell）
格兰昆奇（Glenkinchie）	1837	苏格兰低地	帝亚吉欧（Diageo）
格兰威特（Glenlivet）	1824	斯佩塞地区	保乐力加（Pernod Ricard）
格兰洛希（Glenlossie）	1876	斯佩塞地区	帝亚吉欧（Diageo）
格兰杰（Glenmorangie）	1843	北部高地	酩悦·轩尼诗（Moët Hennessy）
格兰露斯（Glenrothes）	1878	斯佩塞地区	1887 公司（The 1887 Company）
格兰道奇（Glentauchers）	1898	斯佩塞地区	保乐力加（Pernod Ricard）

名称	成立年份	地区	所有者
格兰塔（Glenturret）	1775	南部高地	1887 公司（The 1887 Company）
哈里斯（Harris）	2015	岛屿区	哈里斯岛酒厂（Isle of Harris Distillers）
高原骑士（Highland Park）	1798	岛屿区	1887 公司（The 1887 Company）
荷里路德（Holyrood）	2018	苏格兰低地	荷里路德酒厂（Holyrood Distillery）
亨特利（Huntley）	2008	斯佩塞地区	邓肯·泰勒（Duncan Taylor）
英志高尔（Inchgower）	1871	斯佩塞地区	帝亚吉欧（Diageo）
朱拉（Isle of Jura）	1810	岛屿区	联合酒业（United Spirits）
齐侯门（Kilchoman）	2005	艾莱岛（岛屿区）	安东尼·威利斯（Athony Willis）
奇富（Kininvie）	1990	斯佩塞地区	威廉·格兰特父子公司 （William Grant & Sons）
龙康得（Knockando）	1898	斯佩塞地区	帝亚吉欧（Diageo）
洛克杜（Knockdhu）	1894	斯佩塞地区	太平洋烈酒公司（Pacific Spirits）
乐加维林（Lagavulin）	1816	艾莱岛（岛屿区）	帝亚吉欧（Diageo）
拉弗格（Laphroaig）	1815	艾莱岛（岛屿区）	富俊集团（Fortune Brands）
林可伍德（Linkwood）	1821	斯佩塞地区	帝亚吉欧（Diageo）
洛克悠（Loch Ewe）	2006	北部高地	约翰·克洛特沃斯（John Clotworthy）
罗曼湖（Loch Lomond）	1965	西部高地	格伦卡特林保税仓库有限公司 （Glen Catrine Bonded Warehouse Ltd.）
朗摩（Longmorn）	1894	斯佩塞地区	保乐力加（Pernod Ricard）
麦卡伦（Macallan）	1824	斯佩塞地区	1887 公司（The 1887 Company）
麦克达夫（Macduff）	1962	斯佩塞地区	百加得（Bacardi）
曼洛克摩尔（Mannochmore）	1972	斯佩塞地区	帝亚吉欧（Diageo）
米顿达夫（Miltonduff）	1824	斯佩塞地区	保乐力加（Pernod Ricard）
慕赫（Mortlach）	1823	斯佩塞地区	帝亚吉欧（Diageo）
欧本（Oban）	1793	西部高地	帝亚吉欧（Diageo）
老富特尼（Old Pulteney）	1826	北部高地	R&B 酒厂（R&B Distillers）
拉塞（Raasay）	2018	岛屿区	莫斯本酒厂有限公司 （Mossburn Distillers Ltd.）
雷弗斯（Reivers）	2018	苏格兰低地	太平洋烈酒公司（Pacific Spirits）

名称	成立年份	地区	所有者
罗塞尔（Roseisle）	2009	斯佩塞地区	帝亚吉欧（Diageo）
皇家布莱克拉（Royal Brackla）	1812	北部高地	百加得（Bacardi）
皇家蓝勋（Royal Lochnagar）	1826	东部高地	帝亚吉欧（Diageo）
斯卡帕（Scapa）	1885	岛屿区	保乐力加（Pernod Ricard）
盛贝本（Speyburn）	1897	斯佩塞地区	太平洋烈酒公司（Pacific Spirits）
斯佩塞（Speyside）	1990	斯佩塞地区	斯佩塞酒厂公司（Speyside Distillery Co.）
云顶（Springbank）	1828	坎贝尔镇	J.&A. 米切尔（J.&A. Mitchell）
史达劳（Starlaw）	2010	苏格兰低地	格兰特纳公司（Glen Turner Company）
斯特拉塞斯拉（Strathisla）	1786	斯佩塞地区	保乐力加（Pernod Ricard）
史特斯密尔（Strathmill）	1891	斯佩塞地区	帝亚吉欧（Diageo）
泰斯卡（Talisker）	1830	斯凯岛（岛屿区）	帝亚吉欧（Diageo）
塔木岭（Tamnavulin）	1966	斯佩塞地区	联合酒业（United Spirits）
第林可（Teaninich）	1817	北部高地	帝亚吉欧（Diageo）
托本莫瑞（Tobermory）	1798	马尔岛（岛屿区）	CL 金融（CL Financial）
汤玛丁（Tomatin）	1897	北部高地	宝酒造株式会社（Takara Shuzo）
都明多（Tomintoul）	1964	斯佩塞地区	奥歌诗迪丹集团（Angus Dundee Distillers plc）
托摩尔（Tormore）	1958	斯佩塞地区	保乐力加（Pernod Ricard）
图尔瓦迪（Toulvaddie）	2017	北部高地	图尔瓦迪酒厂有限公司（Toulvaddie Distillery Ltd.）
图里巴丁（Tullibardine）	1949	南部高地	图里巴丁蒸馏酒业有限公司（Tullibardine Distillery Ltd.）
沃富奔（Wolfburn）	2012	北部高地	奥罗拉酿造有限公司（Aurora Brewing Ltd.）

资料来源

www.maltmadness.com（2021 年 9 月；此后可能有新的酒厂设立）

关闭的酒厂

名称	成立年份	关闭年份	地区
班夫（Banff）	1863	1983	斯佩塞地区
本尼维斯（Ben Nevis）	1825	1978—1984， 1986—1990 年关闭 （1991 重开）	北部高地
布朗拉（Brora）	1819	1983（2020 重开）	北部高地
卡普多尼克（Caperdonich）	1898	暂时关闭	斯佩塞地区
科勒本（Coleburn）	1897	1985	斯佩塞地区
康法摩尔（Convalmore）	1894	1985	斯佩塞地区
达拉斯度（Dallas Dhu）	1898	1983	斯佩塞地区
格兰奥宾（Glen Albyn）	1846	1983	北部高地
格兰弗拉格勒（Glen Flagler）	1965	20 世纪 80 年代	苏格兰低地
格兰凯斯（Glen Keith）	1958	暂时关闭	斯佩塞地区
格兰莫尔（Glen Mhor）	1892	1983	北部高地
格兰克雷格（Glencraig）	1958	20 世纪 80 年代	斯佩塞地区
格兰洛奇（Glenlochy）	1898	1983	西部高地
格兰尤杰（Glenugie）	1834	1983	东部高地
皇家格兰乌妮（Glenury Royal）	1825	1985	东部高地
希尔赛德/格兰斯克（Hillside / Glenesk）	1897	1985	东部高地
帝国（Imperial）	1897	暂时关闭	斯佩塞地区
因弗利文（Inverleven）	1938	暂时关闭	苏格兰低地
金克拉斯（Kinclaith）	1958	1976	苏格兰低地
雷迪朋（Ladyburn）	1966	20 世纪 70 年代	苏格兰低地
小磨坊/道格拉斯（Littlemill / Dunglass）	1772	1994	苏格兰低地
罗克塞（Lochside）	1957	1992	东部高地
米尔本（Millburn）	1807	1985	北部高地

名称	成立年份	关闭年份	地区
摩斯图威（Mosstowie）	1964	1981	斯佩塞地区
诺斯波特/布里金（North Port/ Brechin）	1820	1983	东部高地
皮蒂维克（Pittyvaich）	1975	1993	斯佩塞地区
波特艾伦（Port Ellen）	1825	1983（2020 重开）	艾莱岛（岛屿区）
罗斯班克（Rosebank）	1840	1993（2020 重开）	苏格兰低地
圣玛德莲（Saint Magdalene）	1765	1985	苏格兰低地
戴度（Tamdhu）	1896	2010	斯佩塞地区

资料来源

www.maltmadness.com（2021 年 9 月；此后可能有新的酒厂关闭）

威士忌收藏

威士忌资产的价值变化趋势

自 20 世纪末进入 21 世纪迄今，威士忌藏品市场迎来黄金发展期，逐渐成为极受关注的另类价值型增长的资产选项。福布斯新闻报道威士忌专业评估机构威士忌高地（Whisky Highland），于 2008 年至 2011 年，统计当时排名前 100 名（瓶）的威士忌藏品价格整体向上攀升 245%，而驰名前列的 250 名（瓶）价值增长达 180%，远超同一时期的黄金价值波动率。[1]

2019 年世界著名房地产咨询公司莱坊（Knight Frank）发布的《富裕报告》，成为威士忌藏品资产走向广大收藏群众的引爆点。莱坊高端资产波动指数显示，稀有威士忌已明确超过古董汽车，成为最具回报价值的另类资产，过往十年的正向增幅度高达 582%。[2] 自此，拥有威士忌资产逐渐升温为当年《金融时报》、彭博财富、CNBC 等全球经济类媒体的话常态型议题。

资料来源

1. https://www.rarewhisky101.com/intelligence
2. https://www.bloomberg.com/news/features/2021-01-11/best-alternative-investments-to-buy-in-2021-whisky-music-rights-rewilding

威士忌的流动资产优势

威士忌兼具品鉴价值及流动资产的特性，除了近数十年来明显的价值数字变动外，还包含实体有形支撑、展示储存便利、资产流动性较佳等优势。

相较于古董、钟表等，威士忌不仅有收藏价值，而且更有品鉴享用价值。在诸如苏格兰等产区，它拥有着极高的行业标准，重视文化遗产的传承精神，延续匠作的生产观念和调配工艺，并在时代变迁中兼容创造性与艺术性，因此为全球追求品位生活和具有资产视野的人士所追捧，这让威士忌藏品的价值表现优异。

威士忌作为精炼的高度烈酒，装瓶后即停止氧化，酒体长年不会变质且易于保存。即使是桶装的单桶威士忌，英国等国也有非常成熟的威士忌仓储体系，还会提供酒质监测、报税、转运等服务。流动性佳是当前威士忌资产持续增长的一大优势。威士忌在二级拍卖市场表现活跃、全球线上及线下拍卖平台众多、进出门槛通畅无阻等客观事实，都助力着威士忌资产的变现流动性。

威士忌资产的收藏形式

威士忌资产的投入形式日渐多样化。从传统的拍卖市场交易，到高净值人群热衷的单桶收藏，从专业顾问公司罗列的资产组合，到爱好者社群自发的集体投入，有意向的收藏者可根据自身对资产增长的不同观点、风险偏好以及威士忌专业度来灵活选择。

目前，参与面最广的二级拍卖市场、交易量和交易额双指标皆持稳地逐年增长。据专业威士忌统计机构珍稀威士忌101指数（Rare Whisky 101，简称 RW101）发布的公开资料2019全年报告，2019年英国市场的威士忌拍卖全年交易相较于2015年，交易总量整体增长3倍，而总交易额更是积极增长达6倍。[1]

威士忌拍卖机构包含世界顶级拍卖行苏富比、佳士得、邦瀚斯，三家极具信誉的老拍卖行采用线上线下结合的拍卖方式，由于受益拍卖行本身长年积累的优质藏家资源，近年来屡创拍卖溢价新纪录。

专业威士忌拍卖网站如 Whiskyauctioneer, Scotchwhiskyauctions 等。两家威士忌线上网站目前每月都会举办线上拍卖，单次拍卖藏品数量在5000个项目以上。以它们为代表的威士忌线上拍卖，交易活络、拍品量大、受众广泛、选择性多。

传统拍卖行和网站拍卖行多以瓶装威士忌交易为主，较少出现整桶的单桶威士忌，但丝毫不影响人们对整桶收藏的追求。著名商业网站彭博财富在2021年开始将整桶的单桶威士忌收藏列为另类资产推荐的首位。[2]

整桶的单桶收藏，即买下一个单独桶陈的橡木桶以及里面未开封的威士忌，藏家可自行决定马上装瓶，或者继续熟陈。桶购的优势在于藏家能根据自己的口味喜好选择酒桶、装瓶时间、包装，定制性强。也有藏家买下年轻的酒桶，等待几年继续熟陈，为威士忌增加陈年年份后再转手，以期获得超额收益。

数据来源

1. https://www.rarewhisky101.com/intelligence
2. https://www.bloomberg.com/news/features/2021-01-11/best-alternative-investments-to-buy-in-2021-whisky-music-rights-rewilding

一般而言，一桶威士忌可装瓶 200 多瓶，一桶威士忌售价在数万元到数百万元不等，顶级酒厂的高年份酒桶售价可超千万元。

整桶威士忌在资产配置上的挑战在于，藏家除需具有较高的威士忌专业知识和品鉴能力外，还需有中立的资深协鉴顾问参与酒质评鉴把关。目前全球市场的主要范例——帝亚吉欧原桶臻选（Casks of Distinction），是目前全市场上颇具藏家公信力的整桶定制服务之一，它提供了 28 家苏格兰威士忌酒厂，由近千万桶陈威士忌中精选，精英大师选桶团队为高净值藏家提供优质可信的收藏选择。

知名酒厂目前大多已不对私人销售商售桶，因此，许多中介机构应运而生，他们从私人卖家、各级独立装瓶商、中小型酒厂等处获取桶源，协同品鉴专家共同背书选桶，并提供储存、保险、装瓶、运输等服务。

威士忌藏品的经典范例

在威士忌资产配置和传统收藏需求的双轮驱动下，许多知名酒厂或策展作品，近年来对收藏需求的威士忌发行数量创历史之最。

藏品稀缺性及高年份藏品，依然是多数资产配置型收藏家的首要考虑因素，而知名酒厂、驰名品牌则是平弭价格波动、降低风险的刚性保障。在现今威士忌收藏市场上，帝亚吉欧集团出品的威士忌作品，堪称威士忌藏品的经典范例：尊尼获加蓝牌"消逝的酒厂"系列，以"消逝的酒厂"所生产的酒液为核心原酒，由尊尼获加首席调配大师吉姆·贝弗里奇博士亲自打造，堪称苏格兰威士忌中的世纪之作。苏格登时光窖藏，均源自 1976 年装桶的原桶酒液，三款高年份威士忌分三年逐次呈现，满足藏家成套收藏的需求。此外，针对威士忌极客发布的 SR（Special Releases）珍藏限量系列、Flora&Fauna 花鸟限量系列，皆选取不同酒厂区别于常规系列的个性产品全球限量发行，展现不同的风格与个性。由权威大师策展的苏富比藏品 Prima & Ultima 传世臻品系列，甄选帝亚吉欧旗下单一麦芽酒厂具有年代代表性的高年份窖藏，其中部分酒款深居酒窖，从未面世，部分酒款是最后一批珍藏，具有难能可贵的珍藏性。这些经典范例，几乎都满足了珍贵性、高年份、知名酒厂、驰名品牌这些要素，均显示了较高的收藏属性。

资产型藏品在中国的发展

中国高净值人群，对威士忌高阶品鉴的需求增长，直接带动了资产型收藏的积极热情。其中以粤港澳大湾区为代表的大华南地区、以福建为代表的大华东地区，目前对威士忌藏品资产的成长趋势，有着相对较高的敏感度和投入程度。而中国其他地区对威士忌藏品资产的视野和交易也在逐渐形成规模。许多威士忌藏品爱好者，也通过参与香港的国际型拍卖和海外顾问协助等方式来强化其对藏品资产的投入。未来，随着藏品威士忌在中国的渗透率不断提升，另类资产型配置的概念将进一步扩大。

品牌大使说
Brand Ambassador Talk ╱

沈玉林（Rin Shen）

　　过去几年，人们在谈论威士忌时，话题通常集中在酒厂、品牌、工艺，或是风味上。随着中国威士忌市场的高速发展、消费者对威士忌了解的深入、高净值人群的增多，中国威士忌爱好者对高端威士忌的需求逐渐提升，身边开始涌现一批资深威士忌品鉴家。在与他们交流后，我们发现"威士忌收藏"在中国已经成为不容忽视的热门话题。

　　可以看到，包括苏富比、邦瀚斯等知名拍卖行，威士忌的拍卖已经成为常态。2021 年 9 月，帝亚吉欧传世臻品 Prima & Ultima 系列第二章在中国香港苏富比拍卖行拍出约 24 万人民币的高价，凸显了高年份、限量珍贵威士忌令人瞩目的收藏潜力，在一定程度上展现了威士忌收藏市场的核心要素：稀缺性、高年份、知名酒厂、驰名品牌。

　　如果让我来推荐值得收藏的威士忌产品，我也会遵循这四个核心要素。举例来说，"消逝的酒厂"出品的威士忌，比如布朗拉和波特艾伦一直受到藏家的追捧。酒厂运营时间较短、酒液库存量少、高年份的产品鲜见，这些因素综合到一起，我们可以看到这两个品牌在权威网站珍稀威士忌 101 指数年度发布的投资收藏报告中长期排名前列。此外，成套收藏也是威士忌收藏的趋势之一，系列产品中的不同酒厂、不同品牌、不同年份的组合，提升了收藏价值的同时，又满足了威士忌藏家的个性化需求。苏格登的时光协奏、时光窖藏、时光巅峰系列，帝亚吉欧年度推出的 SR 珍藏限量系列、花鸟系列、传世臻品 Prima & Ultima 系列都是成套收藏的典范。

　　我建议对威士忌收藏感兴趣的朋友，可以经常关注威士忌行业报告以及拍卖网站、平台的动态，保持对市场变化和趋势的敏感度，以便做出更稳健的收藏决策。

调配型
苏格兰
威士忌

Blended
Scotch
Whisky

尊尼获加
苏格兰谷物威士忌酒厂

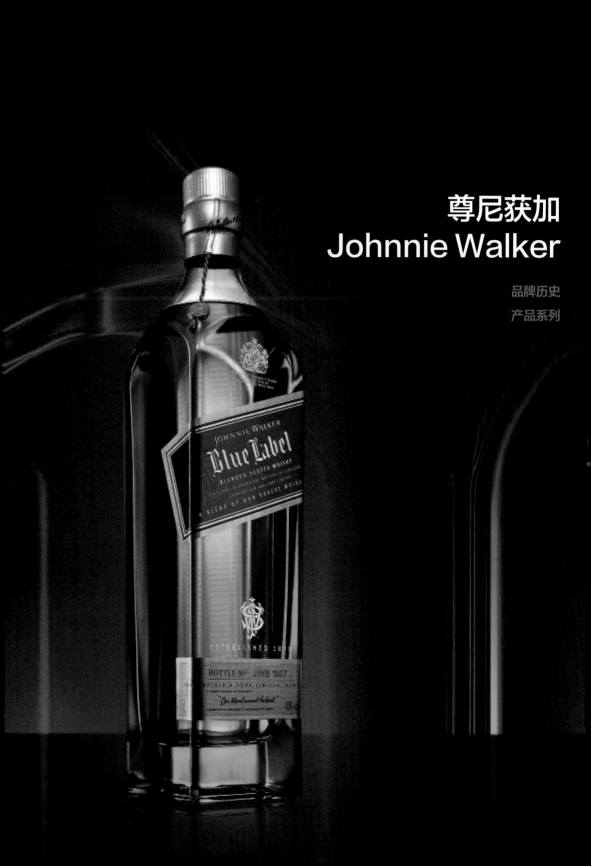

尊尼获加
Johnnie Walker

品牌历史
产品系列

品牌历史

尊尼获加是全球知名苏格兰威士忌品牌，它的故事要追溯至 1820 年。1805 年，创始人约翰·获加出生于苏格兰西部小镇基尔马诺克的一个农场家庭。15 岁时（1820 年），年轻的他将继承的农场出售，并用获得的资金开了一家杂货店。杂货店售卖葡萄干、醋、麦芽威士忌以及他自己调制的混合茶叶，而调制茶叶的经验给他日后调配威士忌创造了机会。在很多人还在贩卖品质不一的单一麦芽威士忌时，约翰·获加别出心裁，将配制混合茶叶的心得用于威士忌的调配中，开启了上乘调配型威士忌的传奇，让原本品质不一且销量得不到保证的酒款保持稳定的口感，大受顾客欢迎。

随着其调配型威士忌越来越受到苏格兰西部欢迎，约翰·获加扩大了经营规模。1833 年，他与伊丽莎白·珀维斯（Elizabeth Purvis）结为夫妻。1837 年，他的儿子亚历山大·获加（Alexander Walker）出生。1852 年，一次大洪水侵袭并摧毁了杂货店及整个城镇，杂货店不得不关闭。但由于杂货店受到朋友和忠实顾客的帮助，很快焕发了生机，重新营业。

1857 年，约翰·获加去世后，其儿子亚历山大·获加接管了杂货店。为了向其他区域开拓业务，他选用了多项战略营销措施。于 1867 年推出老高地威士忌（Old Highland Whisky），这便是尊尼获加黑牌威士忌（Johnnie Walker Black Label）的前身。新款威士忌使用了两大全新设计，并被尊尼获加沿用至今。首先是方形酒瓶，提高了装箱空间使用率，并减少了运输损耗。其次，采用 24 度的倾斜设计，让文字的书写空间也同时增加。老高地威士忌在广受大众好评的情况下，被多项国际威士忌大赛青睐，这为公司日后发展成为全球供应商奠定了扎实坚固的基础。

而亚历山大·获加的两个儿子，也分别在不同的领域取得成功，促成了尊尼获加蒸蒸日上的发展。哥哥乔治·彼得森·获加（George Peterson Walker）出生于 1864 年，专攻市场营销和销售。弟弟亚历山大·获加二世（Alexander Walker Ⅱ）出生于 1869 年，与父亲、祖父一样负责调配威士忌。

∧ 老高地威士忌

　　19 世纪 70 年代到 90 年代，威士忌行业持续繁荣，日益增长的市场需求及消费者需求，促成了公司的进一步发展壮大。为了拥有更多的单一麦芽，公司在 1893 年以 2.05 万英镑的巨额价格从伊丽莎白·卡明处收购了卡杜酒厂。收购完成后，卡明的儿子约翰·卡明加入了尊尼获加管理层。卡杜酒厂作为尊尼获加的品牌基地，曾一直是其业务经营必不可少的重要部分。

　　1889 年，亚历山大·获加去世。1908 年，尊尼获加的品牌标识"行走的绅士"诞生了，而这个 LOGO 的诞生源于知名艺术家汤姆·布朗（Tom Brown）在一次午餐期间的灵感涌现，当时他在菜单上涂鸦跨步向前的男人形象，画出了大步行走的绅士图案。亚历山大二世和乔治立即采纳了这个创意，从而让

∧ 行走的绅士

"行走的绅士"成为尊尼获加史上首个营销标识，也生动传神地传达了品牌的开拓精神。

1909 年，公司开始使用颜色作为产品名称。亚历山大·获加的两个儿子分别将特别版老高地威士忌和特级版老高地威士忌重新包装，推出了尊尼获加红牌威士忌（Johnnie Walker Red Label）和尊尼获加黑牌威士忌。同年，尊尼获加黑牌威士忌 12 年（Johnnie Walker Black Label 12YO）和尊尼获加白牌威士忌（White Label）先后面市，但后者于 1918 年停止生产。

1920 年后，也是约翰·获加杂货店开业 100 周年后，尊尼获加迅速崛起成为全球三大苏格兰威士忌供应商之一（另外两家分别为詹姆斯·布坎南和帝王），其生产的烈酒出口到全球 120 个国家。

亚历山大·获加二世和乔治·获加的野心远不止于此，公司仍在两人的运营下迅速发展。亚历山大·获加二世被英国政府授予爵士头衔，以表彰其在一战期间不遗余力地协助抗战。同时，公司也发布了首个商业广告。1923 年，哥哥乔治·获加因病退出品牌运营后，亚历山大·获加二世接下总裁一职。1925 年，尊尼获加脱离家族经营模式，并更名为尊尼获加父子（John Walker & Sons）。在二战引发金融危机期间，公司与詹姆斯·布坎南和帝王的所有者蒸馏酒业有限公司（Distillers Company Limited）合并。

1932 年，尊尼获加尊荣威士忌（Johnnie Walker Swing）推向市场。酒瓶采用不倒翁造型的设计，即使在船身摇晃不定的情况下，酒瓶也不会倾倒，给那个时期为逃离美国禁酒法令的束缚而经常驾船出海的美国富人带来了便利。

随后，公司的奢侈品品牌形象也相应得到提升，以满足高端客户对尊尼获加不断增加的需求。1934 年，尊尼获加获得国王乔治五世授予的英国皇室认证。传奇调配大师吉姆·贝弗里奇博士延续了亚历山大·获加二世所传承的技艺和精神，保证了尊尼获加一贯卓越的酒液品质。

随着威士忌领域越来越注重酿制过程中最重要的环节——桶陈过程，尊尼获加意识到桶陈过程也有相应的高峰期，并且调配和装瓶过程都会影响酒的品质。

1992 年，尊尼获加蓝牌威士忌（Johnnie Walker Blue Label）诞生。这是公司开发的系列高端产品，也是一款无年份标识酒液，尽管这样的标识不利于市场营销，但尊尼获加蓝牌威士忌一直拥有良好的声誉，自推出后便斩获了无数国际大赛奖项。这是因为用于调配尊尼获加蓝牌威士忌的单一麦芽威士忌的挑选标准非常严格，近万桶中仅可挑出一桶，需要调配大师的远见以及深厚的技艺。

1995 年，尊尼获加金牌威士忌（Johnnie Walker Gold Label）正式发布。实际上，早在 1920 年，为了纪念公司诞生 100 周年，此款便已开发成功。

产品系列

　　尊尼获加是目前全球最畅销的苏格兰威士忌品牌之一。它不仅出口到全球 200 多个国家，销售量也名列前茅。全世界每秒钟售出 33 瓶威士忌，其中有 5 瓶是尊尼获加。

尊尼获加
品牌基地
卡杜（Cardhu）
麦芽选择
尊尼获加黑牌威士忌（Johnnie Walker Black Label） 泰斯卡（Talisker）、乐加维林（Lagavulin）
尊尼获加红牌威士忌（Johnnie Walker Red Label） 特伦（Troon）
尊尼获加金牌威士忌（Johnnie Walker Gold Label） 克里尼利基（Clynelish）
尊尼获加蓝牌威士忌（Johnnie Walker Blue Label） 班凌斯（Benrinnes）、卡尔里拉（Caol Ila）
尊尼获加英皇乔治五世（John Walker & Sons King George V） 波特艾伦（Port Ellen）
产品系列
尊尼获加黑牌威士忌 12 年（Johnnie Walker Black Label 12YO）
尊尼获加红牌威士忌（Johnnie Walker Red Label）
尊尼获加醇黑威士忌（Johnnie Walker Double Black）
尊尼获加绿牌威士忌 15 年（Johnnie Walker Green Label 15YO）
尊尼获加金牌珍藏（Johnnie Walker Gold Label Reserve）
尊尼获加铂金 18 年（Johnnie Walker Platinum 18YO）
尊尼获加 15 年雪莉版（Johnnie Walker Sherry 15YO）
尊尼获加蓝牌威士忌（Johnnie Walker Blue Label）
尊尼获加 XR 21 年（Johnnie Walker XR 21YO）
尊尼获加英皇乔治五世（John Walker & Sons King George V）
尊尼获加尊酩（John Walker & Sons Odyssey）
尊尼获加创始纪念版（The John Walker）

苏格兰
谷物威士忌
酒厂

谷物威士忌是调配型苏格兰威士忌的主要原料。现如今，苏格兰正在运营的谷物酒厂有 8 家，数量比麦芽威士忌酒厂要少，但规模和生产能力却更大。不过，100% 的谷物威士忌非常少见。

坎麦隆桥酒厂（CAMERON BRIDGE）

创始人	成立年份	著名的调配型威士忌
约翰·黑格	1822 年	尊尼获加 黑格

独有特征

坎麦隆桥酒厂是首家使用连续蒸馏器生产谷物威士忌的酒厂，也是苏格兰最大的谷物威士忌酒厂之一，由罗伯特·斯坦和埃涅阿斯·科菲投资并改良。酒厂生产多款烈酒，包括：

1/ 添加利金酒（Tanqueray）

2/ 添加利金酒 10 号（Tanqueray No. 10）

3/ 高登琴金酒（Gordon's Gin）

4/ 斯米诺伏特加（Smirnoff Vodka）

5/ 单一谷物威士忌坎麦隆桥（Cameron Bridge）

该酒厂大多使用当地产的小麦。

北英酒厂（NORTH BRITISH）

创始人	成立年份	著名的调配型威士忌
安德鲁·亚瑟	1885 年	帝亚吉欧旗下的调配型 苏格兰威士忌

独有特征

北英酒厂是苏格兰最好的谷物威士忌酒厂之一。该酒厂由多位商人经过投资和多次合并建立，其中包括素有"调配型苏格兰威士忌之父"美称的安德鲁·亚瑟，他还将麦芽制造场所进行整合，以确保谷物威士忌价格稳定，供应及时。该酒厂使用玉米（75%）和高浓度绿麦芽 [1]（25%）作为主要原料，制造出与麦芽威士忌不分伯仲的谷物威士忌，具有浓郁的柑橘味，丝毫无谷物威士忌常有的硫黄味。

作者注

1. 还未进行烘干的麦芽。

邓巴顿酒厂（DUMBARTON）

创始人	成立年份	著名的调配型威士忌
海勒姆·获加·古德翰 （Hiram Walker Gooderham）	1930 年	百龄坛

独有特征

　　邓巴顿酒厂是苏格兰最华丽的酒厂之一，由 200 万块红砖建成。

格文酒厂（GIRVAN）

创始人	成立年份	著名的调配型威士忌
威廉·格兰 （William Grant）	1930 年	黑桶

独有特征

　　格文酒厂位于苏格兰最南部，是少数生产单一谷物威士忌的酒厂之一。酒厂采用北美风格建造，将蒸馏器安装在户外。1985 年起，格文酒厂开始使用小麦代替玉米作为主要原料，并在过去数年中大幅提高了质量。

因弗戈登酒厂（INVERGORDON）

创始人	成立年份	著名的调配型威士忌
怀特 & 麦 （White & Mackay）	1959 年	无

独有特征

　　因弗戈登酒厂是苏格兰高地唯一一家谷物威士忌酒厂。该酒厂使用玉米作为主要原料，生产带有甜味的威士忌。1965 年至 1977 年，该酒厂是本尼维斯的品牌基地。

罗曼湖酒厂（LOCH LOMOND）

创始人	成立年份	著名的调配型威士忌
桑迪·布洛克 （Sandy Bulloch）	1817 年 1994 年重建	施格兰（Seagrams） 莫里森·波摩（Morrison Bowmore）

独有特征

　　罗曼湖酒厂是苏格兰 20 世纪 90 年代重建的谷物威士忌酒厂，该酒厂使用小麦作为主要原料，生产的威士忌散发出特别的油脂香气，年生产量是 1000 万升。

波敦达斯酒厂（PORT DUNDAS）

创始人	成立年份	著名的调配型威士忌
阿尔弗雷德·巴纳德 （Alfred Barnard）	19 世纪 80 年代	尊尼获加 詹姆斯·布坎南 白马

独有特征

　　波敦达斯酒厂非常著名，其创始人参观了苏格兰和爱尔兰地区的所有酒厂后才建造此间酒厂。与北英酒厂一样，波敦达斯酒厂使用小麦作为主要原料，并混合了绿麦芽。

斯特拉斯克莱德酒厂（STRATHCLYDE）

创始人	成立年份	著名的调配型威士忌
联合多美 （Allied Domecq co.）	1927 年	联合多美威士忌

独有特征

　　斯特拉斯克莱德酒厂位于格拉斯哥，坐落在景色秀丽的克莱德班克，占地 1 英亩，原本生产必富达金酒。此间酒厂拥有两个非常矮的壶型蒸馏器，生产的谷物威士忌可以为调配型威士忌增加浓郁的风味。

IV

苏格兰
威士忌
与茶

Scotch
Whisky
Chinese Tea
Pairing

苏格兰威士忌与茶的共同之处
苏格兰威士忌与茶的搭配
苏格兰威士忌与茶在中国的融合

　　1785 年于伦敦出版，当时成为向往生活风格的欧洲贵族和上流社会必读书籍《茶叶购买指南》（The Tea Purchaser's Guide）一书中写道："用 1 盎司白毫茶叶，调配 1 磅优质小种茶叶，能赋予茶汁极为优异的风味！"一语道出了威士忌与茶在历史长河中的相互赋能。

　　四百年前，中国茶叶沿着丝绸之路进入英国，迅速由上流阶级向全社会普及，成为英国社会的必需品。英国商人约翰·获加从调配茶中获得灵感，运用调配茶叶的方式，将这些威士忌进行调配，使得他的威士忌每次入口品质都十分出色，这种调配型威士忌大受欢迎，即如今全球著名的调配型威士忌品牌——尊尼获加。

苏格兰威士忌与茶的共同之处

在形成发展和制作工艺上，威士忌与茶有着许多因文化交融而生的共同点，特别是在风土特性的形成、制作工艺的发展、风味匹配的逻辑这三个方面。

例如，相隔数千公里的英国威士忌和中国茶，却有着类似的地理产区与风格划分。威士忌分为高地、低地、斯佩塞、岛屿，茶分为江北、江南、西南、华南。苏格兰高地地形剧烈起伏、气候凛冽，酿造的威士忌个性强烈；西南茶区地形复杂、地势起伏大，出品的滇红香气高长、滋味浓厚。低地产区地势平坦、大麦产量丰富，其威士忌风味轻柔、酒体轻盈；而江南茶区低山低丘，盛产的龙井等绿茶同样柔美清幽。斯佩塞地区水源充沛、空气清新，出产的威士忌花果香气馥郁；对应的华南茶区气候多雨、水资源丰富，著名的乌龙茶也饱含特别的自然花香。岛屿区气候变化快，盛产泥煤，酿制的威士忌散发着泥煤风味、口感强劲；江北茶区昼夜温差大，出产的绿茶具有香气浓郁、耐冲泡的特色。

茶和威士忌都是将自然产物，经由复杂的制作工艺，创造出天人合一的臻品。茶叶根据不同类别，有不同的制作流程，基本工艺包含：采摘、杀青、揉捻、渥堆（发酵工艺）、炒青、干燥。这与威士忌制作有异曲同工之妙：发麦、碾磨、酵酿、蒸馏、桶陈、调配、装瓶。

两种饮品在制作过程中，都涉及一个令风味产生关键变化的步骤：氧化。氧化在制茶中体现为发酵，即茶叶在自身酶的作用下氧化，形成茶黄素、茶红素等深色物质的过程。而在威士忌中，则发生在桶陈阶段，酒液与橡木桶相互作用，与渗入的氧气发生氧化作用。威士忌最终风味约 70% 来源于此。通过氧化，茶和威士忌的香气由轻柔单纯到复杂浓郁，气质越成熟稳重。

在口味呈现方面，水是茶与威士忌的基础。水为茶之母，品茶人喝的是水茶交融的口感，清活甘洌的水能完整释放出茶叶的香气。"好水酿好酒"，水在大麦浸水发芽、碾磨后热水糖化、酵酿时，水酒相融和蒸馏时离水存精等环节发挥重要作用，赋予威士忌以不同风味。

苏格兰威士忌与茶的搭配

茶与威士忌早已超越了普通饮品范畴，成为一种精神享受。威士忌品鉴讲究观色、闻香、品饮、余韵，与品茶有着异曲同工之妙。一同品饮，茶酒在口中交融，茶汤的水释放出威士忌中原本难以被注意到的细微香气，优雅醇厚的茶香让酒中的花果馥郁更为立体，两者相互柔化、相互帮衬，变得平衡而富有层次感。

1/ 正山小种 × 泰斯卡 10 年

因海而生的泰斯卡，搭配"红茶鼻祖"正山小种，鉴赏海洋与山河的不同烟熏风格。泰斯卡 10 年强劲的风味踏浪而来，特别的烟熏味与海水咸味夹杂着些许柑橘甜香，沉淀在口中化为浓郁果干的香甜，配以淡淡胡椒味，回味出悠长温暖的辛香气息。正山小种经松枝熏烤，呈现出细腻含蓄的花香与松香，浓郁的茶汤入口，荡漾出特殊的桂圆甜香，回甘醇厚干爽。两者搭配，让人饱览天地精华。

2/ 云南熟普洱 × 慕赫 18 年

"达夫镇野兽"遇见温润醇和的熟普洱，仿佛一曲钢琴与大提琴的合奏。轻嗅慕赫 18 年，淡淡青苹果与红浆果的清甜，透出烤栗子和太妃糖的沉韵，旋即一阵浓郁的肉脂香气交织着馥郁果香和木质辛香。酒液入口，从淡雅到香浓，微苦交错着甜蜜，隐隐的力量感贯穿始终，仿佛指尖跳跃的钢琴键盘，蹦出层次递进的乐章。而配饮的云南熟普洱恰似低响的大提琴，以温和的陈香、醇厚的滋味婉转衬托，（缓和）慕赫的肉脂感，生津回甘，奏出一首风味的欢曲。

1 | 2

1. 正山小种 × 泰斯卡 10 年
2. 云南熟普洱 × 慕赫 18 年

3/　焙火台湾老乌龙 × 苏格登 18 年

　　丰味工艺淬炼的苏格登 18 年与坚持传统焙火技艺的来自中国台湾的老乌龙，共组一对慢品丰味的老饕至爱。威士忌与老乌龙的花果香气相互交织，酒液的胡桃木、橡木气息与茶树的沉香交融。轻抿一口，苏格登馥郁圆润的口感下铺就一层橙油及巧克力太妃糖的甜蜜，与乌龙茶绵密香醇的滋味相得益彰。缓酿与焙火创造出的悠长尾韵集花果、木质、辛香于一体，萦绕舌尖。丰富的风味叠加交融，复杂而微妙，浓烈而深沉。

4/　复合红茶 × 尊尼获加蓝牌

　　威士忌与茶的调配经典，包罗万"香"，至臻平衡。尊尼获加蓝牌包含不同产区、年份、品类的威士忌，八维风味将金橘的果香、姜的辛香、檀木与黑巧克力的沉香融为一体，入口顺滑，浓郁的蜂蜜榛果回荡唇齿。复合红茶兼具不同茶种的花果芬芳，顺滑醇和。两者搭配饮用，香气雅致和谐层层绽放，口感饱满滑润，余味深邃悠长。

苏格兰威士忌与茶在中国的融合

　　威士忌刚进入中国时，绿茶加威士忌风靡一时。这种搭配能降低酒精的刺激感，绿茶饮料中淡淡的甜味还可以缓解茶与酒带来的干涩味。随着进入中国市场的威士忌越来越多元化、高端化，消费者对威士忌认知的增加，人们日益追求威士忌的本味，"茶混酒"似乎变成了低端饮用方式。

　　著名威士忌作家戴夫·布鲁姆（Dave Broom）在《威士忌手册》一书中探讨了中国茶与威士忌的结合方法。他倾向用轻微氧化的乌龙茶，热泡后放凉，与威士忌混合饮用。"它与威士忌的前调香气相互结合，增添了馥郁花香，形成与某些威士忌中蕴含的草木香气的自然联结，甜味让所有味道在舌头中部回旋交融……"

　　现在，茶与威士忌的搭配正重新被人们认识，并逐渐形成一股潮流。美国售卖专门搭配威士忌的瓶装茶，瑞典发布了一款橡木桶浸泡过茶叶的"茶香威士忌"，英国茶叶公司推出威士忌风味茶叶。而在中国，人们并没有忘记茶与威士忌的搭配：加入中国茶的威士忌鸡尾酒新品迭出，一杯酒配一盏茶的品鉴方式也在兴起。事实上，正如戴夫·布鲁姆所说："威士忌与茶是天生的同盟关系。"

品牌大使说
Brand Ambassador Talk ╱

林静茹（Joy Lam）

作为一位女性品牌大使，对于苏格兰威士忌我的理解可能会有一些不同。我期待能够在威士忌的风味张力之中，发现其细腻和优雅之处。而这一深层次的感受，我也会在常规的品鉴会上、DWA 帝亚吉欧威士忌学苑中进行分享。

中国的苏格兰威士忌爱好者、消费者越来越多，如何让他们更轻松自如地与苏格兰威士忌接触，感受到威士忌深层次的美妙，也是我一直以来在思考的。在经过多次与消费者面对面交谈以及实际的经验中，我发现在品鉴威士忌中融合中国的品茶文化，能够让消费者更容易理解威士忌。作为一名资深饮茶爱好者，这个发现让我欣喜。苏格兰威士忌和中国茶都是时光淬炼带来的馈赠，二者都历经复杂的制作工艺。如同苏格兰四大产区威士忌有着万千风味一样，中国不同地域的茶的风味也千差万别，能够满足不同人的喜好和需求。苏格兰威士忌与中国茶，两者的品鉴也有许多共通之处，从观色、闻香到最后品饮，讲究视觉、嗅觉与味觉的感官结合。

相信各位读者对中国茶一定不陌生，当威士忌与茶共同品鉴时，茶酒在口中交融，不仅柔和了彼此风味中浓烈强劲的那一部分，也能释放出威士忌中隐藏的细微香气，茶香让酒中的馥郁香气更为立体，两者相得益彰，平衡而富有层次感。

我很推荐大家试试一杯苏格兰威士忌配一盏茶的品鉴方式，会带给你与单一品鉴截然不同的新鲜体验，威士忌与茶碰撞而出的舌尖"奇幻之旅"值得慢慢探索。

V

苏格兰
威士忌
餐酒
搭配

Scotch
Whisky
Chinese
Food
Pairing

门当户对　万千风味
风味博弈　成就美味
万能公式　随心搭配

门当户对 万千风味

中国美食与苏格兰威士忌的风味相逢

享誉全球的中国菜，是华夏数千年烹饪文化的结晶。从石烹时代的钻火烹食，到晋唐时期的药膳食疗成形，再至唐宋饮食文化的高峰，而今中国菜自成体系，中国饮食文化经历了源远流长的历史变迁。

如今传统八大菜系每一派都各有特色，每一派都有其代表性风味。鲁菜讲究咸鲜，突出本味；川菜辣、酸、麻，菜式多样，善用麻辣调味；苏菜清淡，注重原汁原汤，其中淮扬菜更是讲究选料和刀工；湘菜香辣，注重滋味的搭配，风味浓郁；徽菜鲜辣，重火工，烹调方法擅长烧、焖、炖；浙菜清、香、脆、嫩、爽、鲜，菜式小巧玲珑；闽菜尤以"糟"最具特色，清鲜和醇；粤菜清淡鲜活，擅长小炒。

正因中国幅员辽阔，各地气候、地形、历史、食材、风俗等皆多样，才成就出如此繁盛的经典菜系。同样地，相距 9000 公里之外的苏格兰，也因地貌、风土、传统习俗在世界威士忌产区中占据了重要的一席之地。

苏格兰威士忌从 1494 年有记录起至今已走过五百多年，100 多家酒厂分布在公认的四大经典产区（低地区、斯佩塞区、高地区以及岛屿区）。更重要的是，在这看似简单分类的四大产区里，其实每家酒厂风格都不尽相同，其风味丰富程度，俨然已超越众多其他烈酒品类。

如果要用一种烈酒，搭配味道千变万化的中国菜，风味万千的苏格兰威士忌是上佳之选，两者搭配的百般组合，是味蕾探索风味世界的妙趣所在。

风味博弈 成就美味
一膳一饮间 至味的搭配之道

中餐与苏格兰威士忌的搭配原则

■ 风味相抵：让劣势味道得以遁匿，抵消负向味道

味道，是每种食材的个性标签。个性不是单一不变的，如海鲜之捕获，在鲜美洋溢的背后，也存在负向的土腥味，烹者会巧运心思将其掩饰，使令人舒服的味道彰显，同时消除海鲜的负向腥味。合适的餐酒搭配，能让享用美食的感受更为愉悦，如以泰斯卡搭配生蚝，强劲口感的威士忌能为生蚝去除腥味，起到提鲜的作用。

■ 风味加持：让优势味道更加突出，彰显特殊风味

两种优势风味若强强相遇，特定指向的味道有如搭上火箭，给人以直上云霄的感觉。如烟熏威士忌配烟熏食物，让烟熏风味互相成就，可以放大和强化这个有着特殊气象的味道。

- **风味新增：互补添加彼此缺少的味道，让中国菜滋味更丰满**

  一道中餐菜式，无法涵盖味道坐标里的全部风味，但苏格兰威士忌给我们打开了更广阔的风味图景，选择合适的威士忌与中餐相搭，如为肉类菜式加入有花果风味的威士忌，可以赋予菜品更多层次的风味，让菜品更好吃。

- **风味对冲：厚重浓郁的威士忌与味道相对平淡的菜品对冲，能将菜品里微弱的味道放大**

  美食之所以诱人，是因为不同食材的搭配组合和烹饪做法，能变幻出纷繁的口味特性，让人每次与之相遇，都有不同的感受。中餐与威士忌的搭配亦同，是风味的正面交锋，并能将隐约的弱势味道彰显。如清淡的蔬菜搭配味道浓厚的威士忌，可以放大蔬菜里未被舌尖直观感受到的微弱味道。风味的对冲作用，有点近似实验性的风味探索。

万能公式　随心搭配

中餐风味坐标

中餐与苏格兰威士忌搭配风味坐标

浓淡相宜　适口者珍

中餐与苏格兰威士忌搭配实例

▪中餐风味坐标

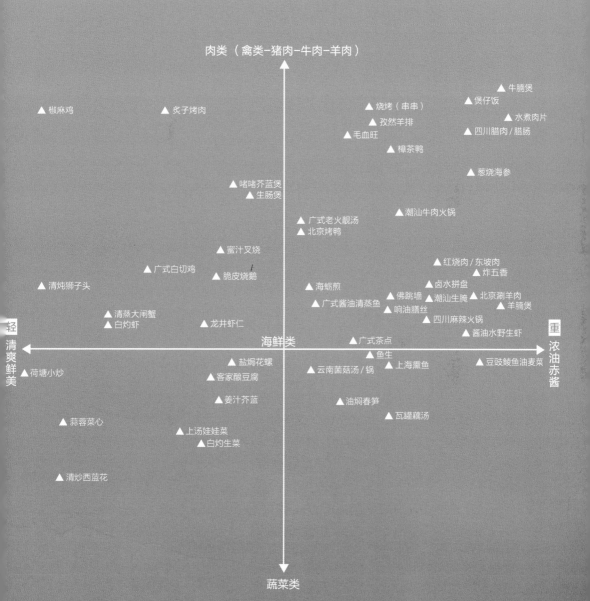

肉类（禽类-猪肉-牛肉-羊肉）

▲ 椒麻鸡　　　　　▲ 炙子烤肉　　　　　　　▲ 烧烤（串串）　　　　▲ 煲仔饭　　▲ 牛腩煲

▲ 孜然羊排　　　　　　　　　　　▲ 水煮肉片

▲ 毛血旺　　　　　　　　　　▲ 四川腊肉/腊肠

▲ 樟茶鸭

▲ 葱烧海参

▲ 啫啫芥蓝煲
▲ 生肠煲

▲ 广式老火靓汤　　　▲ 潮汕牛肉火锅
▲ 北京烤鸭

▲ 蜜汁叉烧

▲ 广式白切鸡　　　　　　　　　　　　　　　　　▲ 红烧肉/东坡肉
▲ 脆皮烧鹅　　　　　　　　　　　　　　　　▲ 炸五香

▲ 清炖狮子头　　　　　　　　　　　▲ 海蛎煎　　　　　　　　　▲ 卤水拼盘
　　　　　　　　　　　　　　　　　　　　　　　▲ 佛跳墙　▲ 潮汕生腌　▲ 北京涮羊肉
▲ 清蒸大闸蟹　　　　　　　　　　▲ 广式酱油清蒸鱼　　　　　　　　　　　　▲ 羊腩煲
▲ 白灼虾　　　　　　▲ 龙井虾仁　　　　　　　　　▲ 响油鳝丝
　　　　　　　　　　　　　　　　　　　　　　　　　　　▲ 四川麻辣火锅
轻　　　　　　　　　　　　　　海鲜类　　　　　　　　▲ 广式茶点　　　　▲ 酱油水野生虾　　重
清　←―――――――――――――――――――――――――――――――――――――→　浓
爽　　　　　　　　　　　　　　　　　　　　　　▲ 鱼生　　　　　　　　　　　　　油
鲜　　　　　▲ 荷塘小炒　　　　▲ 盐焗花螺　　　▲ 云南菌菇汤/锅　▲ 上海熏鱼　　▲ 豆豉鲮鱼油麦菜　赤
美　　　　　　　　　　　　　　▲ 客家酿豆腐　　　　　　　　　　　　　　　　　　　　　酱

▲ 姜汁芥蓝

▲ 油焖春笋

▲ 蒜蓉菜心　　　　　　　　　　　　　　　▲ 瓦罐藕汤

▲ 上汤娃娃菜
▲ 白灼生菜

▲ 清炒西蓝花

蔬菜类

▪ 中餐与苏格兰威士忌搭配风味坐标

■ 威士忌风味坐标

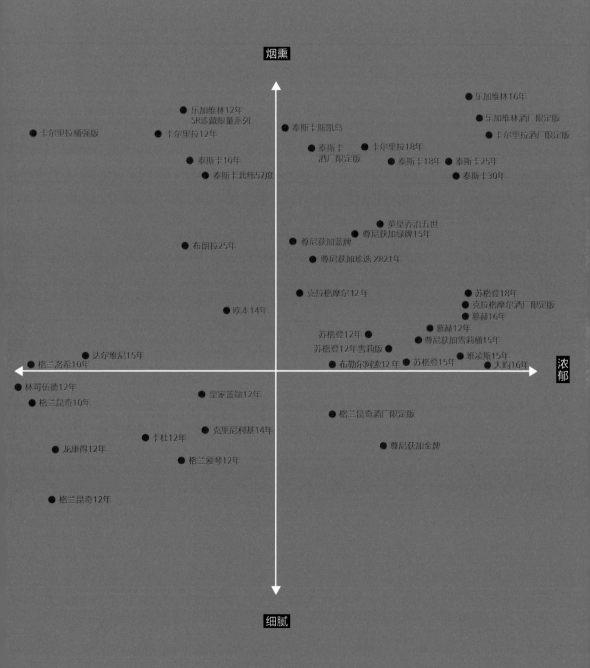

*风味坐标仅供参考，具体餐酒在原则和方法基础指导下灵活搭配

浓淡相宜 适口者珍

1/ 清爽鲜美到浓油赤酱的"轻中重"口味搭配方法

消费者可先做出用餐菜式的选择。依照不同的用餐需求、口味偏好甚至心情，对不同菜系进行选择，简单可从轻、中、重三个层级来归纳所选菜品特性，搭配相应风味和口感轻、中、重的威士忌。

■ 清香口感菜品搭配轻盈口感的威士忌

清淡且注重原汁原味口感的菜系本身就是意在突出食材本身的风味，因此选用苏格兰威士忌也要从突出食材风味角度出发，选择口感轻盈、雅致风格的威士忌搭配。诸如体现轻柔舒缓风格的低地区威士忌以及一些花果香气、层次丰富的斯佩塞产区威士忌均可以搭配，将食材中的清爽鲜甜且淡雅的风味在威士忌的柔和衬托下更为清楚地凸显出来。同时，食材的清香可弱化酒精的刺激，将威士忌的甜气剥离提取出来，更能相得益彰。

■ 中度口感的菜品可搭配风味平衡的威士忌

即便是同一食材也因烹饪方法的不同而呈现出不同的味道，这也就形成了中国菜中独有的复合风味。

相较于川湘的重型口感菜系，中度口感菜品可谓是主流风味，建议考虑以风味平衡风格为主的威士忌，不论是香草等植物风味的波本风格还是干果、巧克力等厚重甜美的雪莉风格，两者兼而有之在搭配这一口感的菜系中就会显得游刃有余。一方面可以将食材中一些本身带有的相对"劣势"不讨喜的味道（诸如肉类的腥膻等）弱化，同时菜品的风味可以将威士忌本身的辛香刺激风味转换为柔和甜润的口感，相得益彰！

■ 重型口感的菜品可搭配偏重口味的威士忌

重口感的菜品在中国菜系并不罕见，尤以川湘为代表，当然还有一些油脂类重的菜品。食材的本味与刺激味蕾的麻香、辣香和浓油相碰撞，更是让人的味蕾得到极大的满足。选择同样重口味风格的威士忌来搭配，在将刺激感进行中和的同时，反而将食材内部的风味激发出来，甚至可以碰撞出意想不到的诸如鲜的味道。更重要的是，很多重口味风格的威士忌并不是一重到底，而会同时伴有明显的诸如果干、巧克力等甜美的风味，和重口味菜品搭配更能轻易地将威士忌中这些风味凸显出来，给人一种看似不可能，但粗犷之中显细腻的惊喜感。

■ 调配型威士忌（如蓝牌）是百搭的存在

调配型威士忌，选取不同酒厂的酒液，经调配大师之手，打造出更容易被大众接受的酒液。例如尊尼获加蓝牌，苹果、蜂蜜、黑巧克力、玫瑰、橙、烟熏、木质、坚果带来的八维风味相互平衡，巧妙融合成繁复风味与深邃的口感。中国菜系有八大之分，针对不同菜系，尊尼获加蓝牌几乎都能有一维与之相匹配。

2/　鲜蔬到海鲜到肉类不同食材的搭配方法

■ 时蔬食材搭配花果香气风格的威士忌

蔬菜类食材众多，虽因菜品具体不同而风味有所侧重，但口感普遍偏清甜可口，香脆里嫩，时令食材更是突出其鲜的特质。因此，搭配这类食材，应选择酒体轻盈、花果香气且层次丰富的威士忌，一方面这种风味的威士忌可以将蔬菜的清甜特质提升，另一方面不少蔬菜中特有的纤维可以为威士忌的酒体风味做补充，提升口腔的风味层次感。

■ 海鲜类食材搭配风味平衡且有层次的威士忌

食海鲜最注重其"鲜"，不论是鱼生、刺身还是清蒸，食材本身的鲜甜风格不可忽视，但很多海鲜带有独特的咸腥风味。因此，在选择威士忌搭配方面要注重风味的平衡且有层次感，一方面威士忌的馥郁甜美风味能衬托出海鲜食材的本味，另一方面或清淡或浓郁的海洋烟熏风味更能将海鲜的咸腥风味同步匹配，互相成就。

■ 肉脂类食材搭配馥郁厚重的威士忌

肉类食材当中的油脂对味蕾起到了极大的调动作用，特别是油脂烤出的焦香，因此建议搭配散发果味以及橡木风味突出的威士忌，诸如雪莉风格的威士忌。这样既可以利用威士忌中的果味将肉类的油脂感缓和，同时又能将其带有的浓郁甜气感和橡木木质风味把肉的质感凸显出来，突出肉质更显质感的细腻和香气。

中餐与苏格兰威士忌搭配实例

1/　北京烤鸭

色泽红艳、肉质细嫩、肥而不腻的烤鸭配以枣木烧制，更增添木质熏香风味。佐以京葱、青瓜、蒜泥、面饼等，平衡油脂感。

尊尼获加蓝牌

平衡和味的体现。

2/　红烧肉 / 东坡肉

选肥瘦相间五花猪肉，料以咸香酱料。肉香甜酥烂、味醇汁浓。

慕赫 12 年

欧洲橡木桶和美国橡木桶桶陈赋予慕赫 12 年厚重浓郁风味，其经典肉香味更可为肉质增香。

$\dfrac{1}{2}$

1. 北京烤鸭
2. 红烧肉 / 东坡肉

3/ **脆皮烧鹅**

烧鹅皮脆、肉嫩、骨香、肥而不腻。斩件时烧鹅腹腔紧锁
的五香料汁水澎湃而出，是最咸香味美的酱汁。

达尔维尼 15 年

其蜂蜜香味可彰显烧鹅甜鲜，些许微醺带出烧鹅的焦香味，
轻盈酒体还可解烧鹅油脂腻感。

3 | 4
  | 5

3. 脆皮烧鹅
4. 清蒸大闸蟹
5. 潮汕生腌

4/ **清蒸大闸蟹**

清蒸大闸蟹以姜丝伴红醋蘸点，更显清甜。

尊尼获加蓝牌

调和之味能提升大闸蟹的香气，使鲜味富有层次感。

5/ **潮汕生腌**

潮汕生腌是最大程度保留海鲜鲜味的做法。蟹、虾、血蛤、虾蛄（皮皮虾）等皆可腌制，味道清而不淡、鲜而不腥。

乐加维林 16 年

浓郁口感与之强强相结，可剔除海鲜负向腥味。

6/ 白灼虾

白灼虾鲜、甜、嫩，佐以酱汁而食，最大程度保留虾之清甜，
海洋气息扑面而来。

克拉格摩尔 12 年

层次感丰富复杂，能赋予虾多重滋味，让海洋风味的冲击
感更为强烈。

尊尼获加珍选 XR21 年

其辛香味能够去腥提鲜，香草太妃糖的浓郁甜香带出虾肉
的清甜，而酒液中的果香又为白灼虾增添了水果风味，进
一步提升了口感的丰富度。

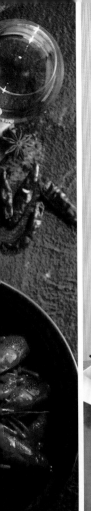

6 | 7 | 8

6. 白灼虾
7. 小龙虾
8. 广式酱油清蒸鱼

7/ 小龙虾（麻辣／蒜蓉）

小龙虾配以辣椒、花椒等其他香辛料，无论麻辣还是蒜蓉口味，都饱满入味。

苏格登 18 年

以雪莉酒桶熟成，熏麦芽的自然甜味中略带柑橘香气，能为小龙虾补充甜味。

8/ 广式酱油清蒸鱼

清蒸鱼鱼肉软嫩、味醇至鲜。

苏格登 12 年

最初感觉的胡椒气息，可达剔除清蒸鱼腥气的作用，还有煮熟的苹果香甜回甘，丰富了清蒸鱼其他层级的香气。

9/ 蜜汁叉烧

叉烧油亮通润，味道甜蜜，又有复合腌料气息。

卡杜 12 年

入口新鲜甘甜，有着清新的蜂蜜味和丰富的果香味，与蜜汁叉烧的甜润滋味融合，丰富了整体口感。

10/ 北京涮羊肉

北京涮羊肉在锅中上下氽烫即可，散发浓郁肉香，辅以麻酱，让风味延展。潮汕牛肉火锅讲究"大味至淡"，凸显牛肉本味。

慕赫 16 年

酒的单宁一扫涮羊肉的绵密油润，在为肉增香之余，轻柔干爽的香气还为蘸酱作用下的羊肉提升了多维风味。

9 | 11
10

9. 蜜汁叉烧
10. 北京涮羊肉
11. 响油鳝丝

11/ 响油鳝丝

芡汁包裹鳝段，可锁鲜。

欧本 14 年

带有浓郁花果味，尤其是柑橘味，能抵消鳝丝负向膻味，更凸显嫩口滋味，口感里的绵密糖浆质感和油润的响油鳝丝相当般配。

12/ 四川麻辣火锅

一火红汤底，为如牛毛肚等食材裹上特殊的麻、香、爽、辣。

尊尼获加雪莉桶 15 年

层层涌现木香、坚果和浓郁的香草气息，口感顺滑，平衡
感极佳，与火锅里任何一种食材都能匹配出萦绕口舌的醇
厚滋味。

13/ 烧烤（串串）

食材在经历过火烤后，增加炭烧及烟熏味道。

泰斯卡斯凯岛

散发甜美气息，同时咸香与胡椒辛香味适合搭配海鲜类烧
烤物，能增添坚果味与烟熏风味。

14/ 四川腊肉 / 腊肠

腊肉咸鲜适度，散发特别的烟熏风味。

泰斯卡 10 年

有着强劲烟熏味和海水咸香，质地饱满，与川味腊肉强强
相遇，可激荡起舌腔里那浑厚辛香味道，回味甘洌。

15/ 龙井虾仁

虾中有茶香，茶中有虾鲜，清口淡雅。

苏格登 12 年雪莉版

欧洲橡木桶领出的浓郁甜气，入口润实柔醇，余韵的嫩姜
叶味与龙井茶相得益彰，赋予虾仁别样风味。

12	
14	
13	15

12. 四川麻辣火锅
13. 烧烤（串串）
14. 四川腊肉 / 腊肠
15. 龙井虾仁

16/ **佛跳墙**

佛跳墙软嫩柔润，浓郁荤香，又荤而不腻，各料互为渗透，味中有味。

英皇乔治五世

能调和滋味，与任一食材抽分开单独品味，都般配。

17/ **炸五香**

鲜香酥脆，内馅肉质润滑甜美，热食味道尤佳。

苏格登 18 年

有干果、生姜及顺滑蜂蜜的香甜气味，口感醇厚沁爽，与五香风味的猪肉制品尤为相称。

	16	18	19
17			

16. 佛跳墙
17. 炸五香
18. 客家酿豆腐
19. 广式老火靓汤

18/ 客家酿豆腐

油炸豆腐或白豆腐塞入香菇、碎肉等佐料，砂锅小火长时间熬煮。

卡杜 12 年

柔软的水果和蜂蜜、甜度和香料的平衡感使其与豆腐相映成趣，互相提味，加持甜美度。

19/ 广式老火靓汤

老火汤既取药补之效，又取入口之甘甜。

尊尼获加蓝牌

口感醇厚细腻，适合与老火靓汤同品、慢品，享受食材和味道融合之美。

20/ 啫啫芥蓝煲

啫啫芥蓝煲在浓郁酱汁和高温火势传热的作用下，赋予芥蓝新口味。

泰斯卡 10 年

醇厚浓郁，果香衬着烟熏，浓烈辛辣为啫啫煲增香，为咸香口芥蓝加持。

21/ 煲仔饭

煲仔饭，在口齿间留香，回味无穷。底部锅巴香脆诱人。

乐加维林 16 年

有着烈火的烟熏味，以绵长复杂的味道为底衬，搭配煲仔饭可层层递进，发掘新滋味。

22/ 广式茶点

广式茶点口味清新多样、咸甜兼备。

苏格登 15 年

有着欧罗索雪莉桶标志性的甜气，优雅果干味、老陈皮茶的回甘和单宁与广式点心搭配，口感合宜。

23/ 云南菌菇汤锅

汤底以野生菌小火慢煮出味。鸡肉细嫩、菌菇清香、清淡爽口。

克拉格摩尔 12 年

清新典雅，口感柔顺，在些许青草香及花香衬托下，菌菇的香味更胜一筹。

20	21
22	23

20. 啫啫芥蓝煲
21. 煲仔饭
22. 广式茶点
23. 云南菌菇汤锅

24/ 炙子烤肉

带有柴木清香的烤肉，烤炙至外香里嫩，每一口都肉香四溢，
唇齿留香。

卡尔里拉 12 年

酒液中轻盈的烟熏味与柴木熏烤后的清香彼此映衬，烤肉
中的脂香与柔顺甜美的果香相互融合，堪称绝妙搭配。

25/ 樟茶鸭

樟木和茶叶的特殊香气融入鸭肉中，外酥里嫩，咸香浓郁。

泰斯卡 18 年

柔和的烟熏与茶香交织，樟木香气被浓郁的黑胡椒香气激
发，风味碰撞之间，咸香四溢的鸭肉令人印象深刻。

24. 炙子烤肉
25. 樟茶鸭
26. 毛血旺

24 | 25 | 26

26/ **毛血旺**

麻、辣、鲜、香四味俱全，川菜中的一道经典菜式。

泰斯卡酒厂限量版

双桶熟成造就了其风味的复杂层次。毛血旺麻辣鲜香，汁
浓味足，在酒液烟熏与甜美的双重口感的作用下，风味层
次更为拓展。

27/ 潮汕牛肉火锅

用牛骨熬制的清汤汤底，最大程度地还原牛肉的本味与鲜味。

尊尼获加绿牌 15 年

蕴含层次丰富的花果香气与烟熏气息，与潮汕牛肉火锅相遇，可以从不同维度激发牛肉的肉香。

28/ 鱼生

鱼肉被片薄后，瞬间锁住其原味，口感鲜嫩，鲜甜味美。

布勒尔阿索 12 年

口感香甜、饱满。酒液中带有一丝咸味和油脂味，削弱了鱼肉的腥味。而浓郁的果香，则进一步释放了鱼肉的鲜甜。

29/ 酱油水野生虾

酱油水比红烧清淡，却能更好地还原野生虾的鲜香甜美肉质。

班凌斯 15 年

风味圆润醇厚，本已鲜甜的野生虾在馥郁香甜的酒液的衬托下，鲜甜风味层次更为丰富。

27	
28	29

27. 潮汕牛肉火锅
28. 鱼生
29. 酱油水野生虾

30/ **豆豉鲮鱼油麦菜**

豆豉咸淡适中，鲮鱼肉质鲜美，油麦菜口感爽脆，三者搭
配造就了一道经典粤菜。

大昀 16 年

浓郁的麦芽香气与豆豉的咸香相互加持，甜美的奶油香气
削弱了鱼肉的腥气。不同的口感，最终被酒液中的木质气
息加以平衡。

31/ 荷塘小炒

一道色泽缤纷的小炒，山药、莲藕、胡萝卜、木耳搭配，口感鲜嫩，脆嫩清爽。

林可伍德 12 年

有着馥郁的花果香气。口感微甜不失清新，与荷塘小炒搭配饮用，清爽开胃。

32/ 盐焗花螺

盐焗烹饪方法让花螺肉质更有韧劲，淡淡的咸味中带有海鲜的鲜香。

皇家蓝勋 12 年

芬芳淡雅，酒液清新甜美，与原汁原味的花螺搭配后，更显鲜甜。

30. 豆豉鲮鱼油麦菜
31. 荷塘小炒
32. 盐焗花螺

30 | 31 | 32

33/ 姜汁芥蓝

姜汁激发芥蓝香气,白糖带出芥蓝的鲜甜。简单的烹饪方式,还原食材本真之味。

克里尼利基 14 年

干爽微咸的海洋风味,与姜汁的香辛相辅相成。清新饱满的果香凸显了芥蓝的鲜甜。

34/ 油焖春笋

将嫩春笋以重油、重糖烧制,脆嫩爽口,鲜咸微甜。

格兰昆奇酒厂限量版

雪莉风格明显,干爽香甜的口感能够平衡油焖的厚重,春笋的鲜嫩更进一层。

33 | 34

33. 姜汁芥蓝
34. 油焖春笋

品牌大使说
Brand Ambassador Talk /

刘伟（Wei Liu）

"餐"和"酒"，这两个字在中国人的文化和习俗中，很多时候都是难以分割的。作为一名品牌大使，我曾去到中国不同的地区和城市，带领过数百场威士忌品鉴晚宴。每一场晚宴中，除了重头戏苏格兰威士忌之外，配餐也会是出席晚宴嘉宾的关注重点。

苏格兰威士忌进入中国市场后，早期都是以西餐来搭配。随着威士忌在中国的普及，我们会发现，其实中餐与苏格兰威士忌的搭配，更为合适。中餐作为华夏数千年烹饪文化的结晶，众多食材不同的搭配组合和烹饪方法，能变换出千百种滋味。苏格兰威士忌风味万千，四大产区不同酒厂的出品，有着各自的风格与个性。中国菜味道的丰富搭配威士忌味道的丰富，丰富配丰富，有时候我在想威士忌可能就是为中国菜而生的。

当中式佳肴碰撞苏格兰威士忌，将会开启意想不到的味觉盛宴。强势的风味正面交锋，细腻的风味彼此映衬，酒液的风味与美食的风味交相融合。如果让我推荐一款苏格兰威士忌来搭配中餐，我个人比较推荐尊尼获加蓝牌。作为调配型苏格兰威士忌经典，蓝牌酒液中包含了帝亚吉欧覆盖苏格兰四大产区不同酒厂的酒液，你喝的每一口尊尼获加，就是一口苏格兰。其八维风味能够与不同菜系的中餐相匹配。比如闽菜代表之一佛跳墙，将多种珍贵食材煨于一坛，各种风味融合中又保有各自的特色。用尊尼获加蓝牌来搭配，两者的繁复风味与深邃口感，能够激发出更多元的层次。

不同酒厂、品牌出品的苏格兰威士忌，因为风味与口感的不同，与中餐搭配后呈现的效果也会有所差异。餐酒搭配本质上是对风味的探索，对美味的调和，这也是餐酒搭配的妙趣所在

帝亚吉欧 2030 社会愿景
Diageo Society 2030 ╱

Society 2030，前进的精神，是帝亚吉欧的 10 年行动纲要。我们致力于保护大家所依赖的自然资源。我们与合作伙伴携手，共同应对气候变化、水资源压力和生物多样性缺失的问题，为创造一个更具有包容性和可持续性的世界承担应有的责任。

我们要长期不断地取得成就，需要依赖我们周围的人和地球。我们认识到，贫困、不平等、气候变化、水资源紧张、生物多样性缺失和其他挑战，在威胁着环境和社区繁荣。

我们有责任确保我们的业务给员工、供应商、业务周边的社区、客户、消费者和整个社会带来共同繁荣。

我们将通过"从谷物到酒杯"的方式，在整个价值链上为我们取得成功而做出贡献的人、资源和环境，做出以下承诺：

• 致力于推动企业和社会的低碳发展，承诺将在企业运营中 100% 采用可再生能源，实现零碳排放，并与供应商通力合作，将间接碳排放降低 50%；

• 确保每一滴酒的酿造比现在节约 30% 的用水，并在水资源紧缺的区域实现水资源净增长；

• 帝亚吉欧将为 15 万名中小农户提供种植技术的培训，推动土地资源再生和生物多样性发展；

• 确保我们在塑料包装中使用 100% 可回收材料，并确保帝亚吉欧的包装 100% 可广泛回收。

欢乐无限，饮酒有度
DRINKiQ.com